これでナットク！　植物の謎

植木屋さんも知らないたくましいその生き方

日本植物生理学会　編

ブルーバックス

カバー装幀／芦澤泰偉・児崎雅淑
カバーイラスト／山田博之
本文・もくじデザイン／工房 山﨑
本文図版・イラスト／さくら工芸社
編集協力／高橋素子

はじめに

私たちは植物に囲まれて生きています。その植物は、高山の山頂部や砂漠、極地などの極限環境を除くすべての環境に、約二九万種が生育しているとされています。これらの植物は、光合成により二酸化炭素と水を有機物に変え、自らの栄養としています。ヒトを含めた動物は、その植物を食物連鎖の始まりにして栄養を補給しています。それと同時に植物は、呼吸に絶対的に必要な酸素も大量につくり出し、大気中に放出しています。

このように私たちの生存と生活は、植物に大きく依存しています。しかし私たちは、生き物としての植物を十分に理解しているでしょうか？

たとえば、地面に根をはって生きている植物を見て、私たちはつい、植物は「動けない」と考えてしまいがちです。しかし植物は、むしろ積極的に「動かない」ことを選んだのです。植物は、生きている環境と一体化して、その環境（光、温度、水分など）をとても上手に利用しています。

この本を企画した日本植物生理学会は、こうした植物の営みを研究している者の集まりです。学会ではそのホームページ（http://www.jspp.org/）で、二〇〇三年秋から、『みんなのひろば』に一般の方々からの質問コーナーを設けています。これは学会と社会とを結び、植物をもっと理解し、研究していくことの重要性を伝えるという目的で開設しました。

ここには小学生、中学生から始まって、植物と関係のある職業に就いている方や自治体の職員の方、あるいは植物を育てることを趣味にされている方など、とても多くの方々からさまざまな質問が集まってきます。その累計は二〇〇七年六月現在で約九〇〇〇通に及びます。

それらの質問の中には、私たち研究者が植物を調べようとする動機になった疑問と同じような根源的な質問もあります。こうした質問に対して、現在までに分かっていることを、できるだけやさしくかつ正確に説明してきました。また質問をうけた点について、改めて実験して確かめたことも少なくありません。

こうして集まってきた質問と回答を、もっと多くの方々に知ってもらいたいというところから生まれてきたのが本書です。開設当初から二〇〇六年末までの質問の中から、とくに興味深い八四問を選び出しました。また直接の質問ではなかったのですが、答えていく中で欠かせなかった事項をコラムとして挿入しました。

本書では質問内容を一〇章に分けてありますが、どの章から読まれても、植物という生き物がいかに深く私たちの生活にかかわっているか、環境変化に対していかに巧妙に生きているか、分かっていただけると思います。

本書を読まれた皆さんが、私たちとともに生きている植物という生き物を、もう一度見直し、その柔軟な生き方を理解していただけたら、望外の喜びです。また本書が、植物という生き物に対する共通な興味を通して、読者の皆さんと私たち植物科学を研究している者のかけ橋になれば大変うれしく思います。

最後にあたり、多忙な時間をさいてご回答いただきました多くの日本植物生理学会の会員の皆様、さらには学会からの依頼に会員でないにもかかわらず快く回答を引き受けてくださった植物科学に携わる多くの皆様、そして質問に対して回答者を選び、あるいは自ら適切な回答を用意していただいた日本植物生理学会サイエンスアドバイザーの浅田浩二氏（京都大学・福山大学）、今関英雅氏（名古屋大学）、勝見允行氏（国際基督教大学）、佐藤公行氏（岡山大学）、柴岡弘郎氏（大阪大学）の情熱を込めた対応と、『みんなのひろば』の運営に携わってこられた会員諸氏に厚くお礼申し上げます。

本書は、日本植物生理学会ホームページの『みんなのひろば』の質問コーナーに興味を持ってくださった講談社ブルーバックス出版部からの依頼に応えて、サイエンスアドバイザーの方々が原稿のとりまとめ、校正などを全面的に引き受けてくださったことにより生まれたものです。ここに心よりお礼を申し上げます。

二〇〇七年八月

日本植物生理学会会長　西村幹夫

これでナットク！　植物の謎——もくじ

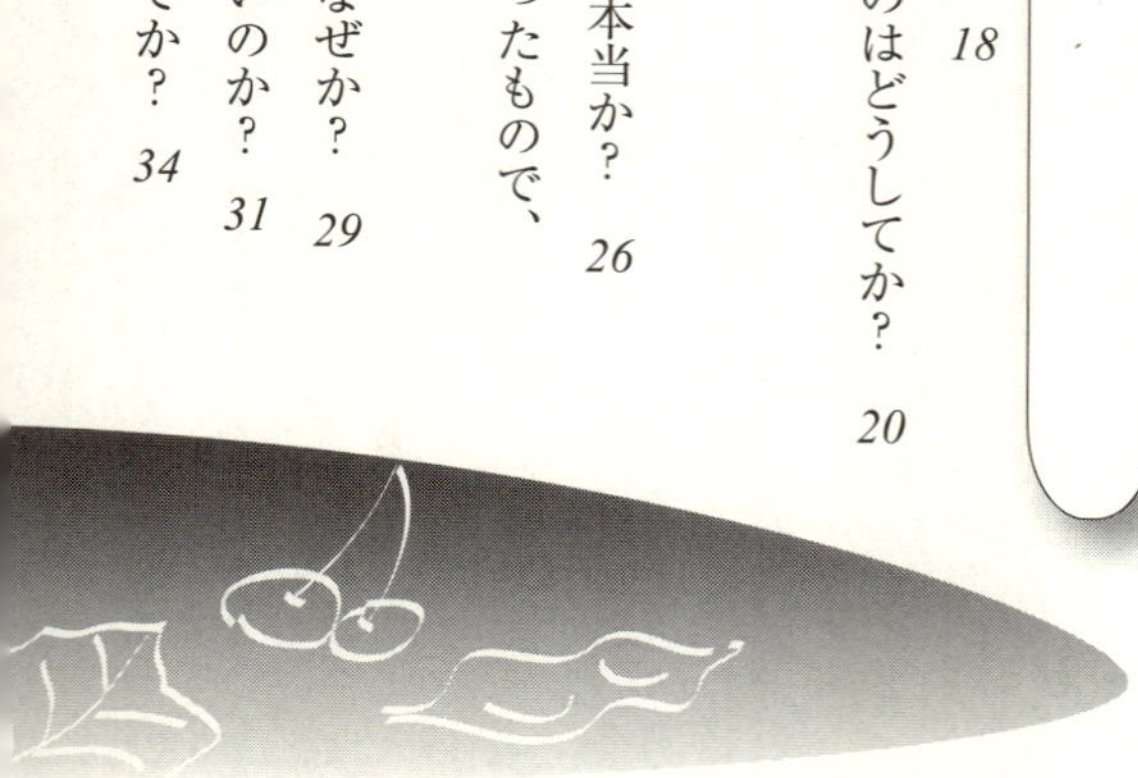

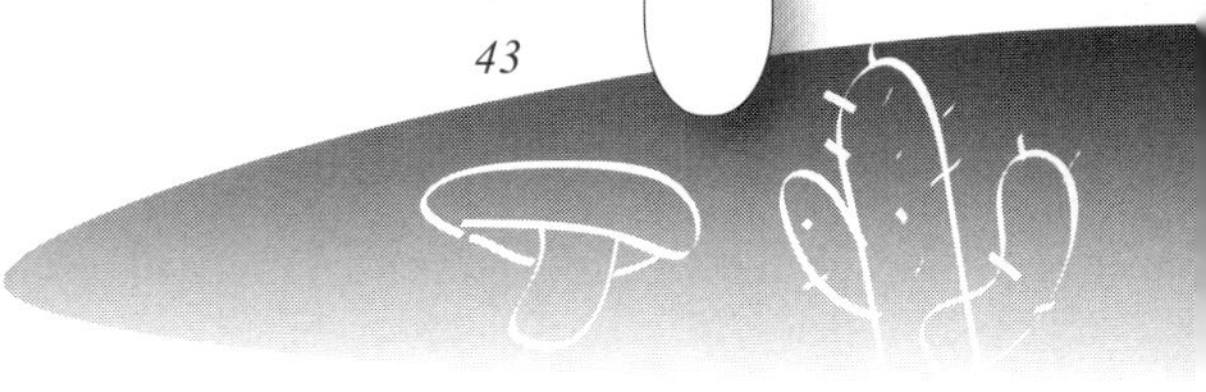

第3章　植物の形に秘められた謎　60

第4章 落ちる、色付く、呼吸する。葉っぱの謎 82

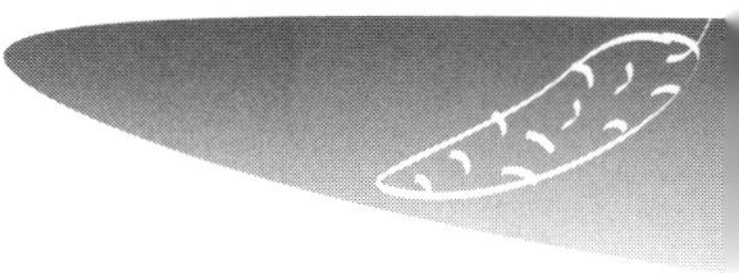

第1章　食べる植物と観賞する植物の謎

Q1　なぜソラマメのさやの中はふかふかになっているのか？

『そらまめくんのベッド』という本で、ソラマメのさやの中がふかふかのベッドになっているのを知りました。ソラマメを買ってきて、たしかめてみたら本当でした。エダマメやグリンピースのさやの中にはワタのようなものはありませんでした。そこで質問です。

1．なぜソラマメのさやの中はふかふかのベッドのように柔らかいのですか。

2．ふかふかのベッドは何からできているのですか。

3．なぜエダマメやグリンピースのさやの中にはワタのようなものが入っていなくて、ソラマメには入っているのですか。　＊小学生

マメは、植物にとっては赤ちゃんなので、さやの中で大事に育てます。このとき、さやのいち

ソラマメ（マメ科）のさやとワタ（アオイ科）の種子の毛

ばん内側の部分（内果皮《ないかひ》）が発達してマメを包み、保護します。この部分はマメが幼いあいだはふわふわと柔らかいのですが、ふつうはマメが成長するのにしたがいどんどん固くなっていきます。マメのベッドの柔らかさや、それが固くなる時期は、マメの種類によってずいぶん違います。

エダマメ（ダイズ）やグリンピース（エンドウ）などは、さややマメがまだ緑色のうちに固くなってしまいます。それに対してソラマメでは、マメが大きくなって茹でて食べられるようになっても、ふかふかです。ただしこのソラマメも、完熟して乾燥するときになると、ベッドも固くなります。

オジギソウ、アルファルファなどの「硬実種子《こうじつしゅし》」とよばれるマメでは、マメ自身の皮（種皮）が発達して、服のように自分を保護することもあります。

どうしてソラマメのベッドはいつまでも柔らかいのか。これはとても難問です。これが何からできているかとか、どのようにしてできるのかについては、研究して答えが出せるのですが、「なぜか」について答えるのは簡単ではありません。

フジのような大きなマメをつくる種類のいくつかも柔らかいベッドをもっているので、マメの大きさが関係するのかもしれませんが、残念ながらそれ以上のことはお答えできません。

マメのベッドは、おもに細胞を包む細胞壁の中の「セルロース」という繊維でできています。ワタ（綿）をご存じですか？　ワタの繊維は種子のまわりに繊維状の細長い細胞（繊維細胞）が成長してできたもので、その成分のほとんどはセルロースです。ソラマメのふかふかベッドも、本当のワタと同じ成分からできていることになります。

Q2 野菜を切ったりすったりしたほうが、においが強くなるのはどうしてか？

夏休みに庭のミョウガを採ります。庭に生えているときはにおいがしないのに、薬味で食べるときはよい香りがします。他の野菜はどうか調べてみました。ショウガやニンニク、シソの葉、ネギなども、そのままより切ったりすったりしたほうが、においが強くなりました。図書館で野菜のにおいについて調べてみましたが、図鑑も本も見つかりません。野菜を切ったりすったりしたほうが、どうしてにおいが強くなるのか教えてください。　＊小学生

ミョウガ、ショウガ、ニンニク、ネギ、ワサビ、シソなどの他、いわゆるハーブといわれてい

るパセリ、コリアンダー、ローズマリーなど、葉を切ったり、もみつぶしたりするとにおいを出す植物はたくさんあります。中には葉を切らなくてもかすかににおいを出すものもあります。

では「におい」とは何だと思いますか。揮発した物質が空気と混ざって私たちの鼻に入ると、鼻の神経を刺激するために感じるものです。においのある植物はこのように揮発しやすい物質をもっているのですが、大きく分けると二つのタイプがあります。

一つめは、他の物質と結合していて揮発性もなく、においもしない形で、細胞の中にある袋（液胞・23ページ「コラム1」参照）の中に含まれていますが、植物を傷つけると分解されて、揮発するにおい物質に変化するものです。タマネギ、ニンニク、ワサビのにおいはこの仲間です。

このタイプでは、切ったりすりつぶしたりして細胞が壊されると、液胞内の物質と液胞外にあった酵素（分解や結合など物質の変化を助けるタンパク質）とが混ざります。するとその酵素の働きで、においのもとになる物質が分解されて、におい物質が出てくるのです。

二つめはいちばん多いタイプですが、においのある揮発する物質（おもにテルペン系の精油）が、そのままの形で植物体表面や植物体内にためられているものです。そのため、葉や茎などを切らなくてもかすかなにおいがします。

たとえば多くのハーブや花の香り物質は、植物体表面にある腺状突起（構造により腺細胞、腺毛などもありますが、まとめて「外部分泌性構造」とよばれています）の液胞の中に蓄えられています。またミョウガ、ショウガ、シソ、マツやヒノキのにおい物質は、植物体内の腺細胞の中や、分泌細胞が袋状になった分泌嚢《ぶんぴつのう》、管状になった分泌道の中にためられています。これらは「内部分泌性構造」とよばれています。いずれも細胞や組織が壊されると、におい物質の入っていた液胞や分泌嚢、分泌道もつぶれて、におい物質が一度にたくさん揮発するため、においを強く感じるのです。

ミカンやグレープフルーツの皮を、黄色いほうを外側にして折り曲げるとよい香りの液が飛び出します。これは黄色い皮の組織内に、分泌嚢の一つである「油嚢《ゆのう》」という特別な袋が埋め込まれたようになっており、その中に精油がためられているからです。ライターやローソクの炎に向けて皮を折り、液が炎にあたるとどんなことになるか試してごらんなさい（慎重に！）。

身近にあるいろいろな植物の葉を指先でつぶしてかいでみてください。よい香りのもの、嫌なにおいのもの、におわないものがあることが分かります。

Q3

レタスの茎の切り口がピンクになるのはなぜか？

お母さんは、レタスが長持ちするからと、茎の切り口に濡れたキッチンペーパーをはって保存しています。次の日キッチンペーパーはピンクになっていました。なぜでしょうか？

＊小学生

生物のからだは「細胞」という小さな袋がたくさん集まってできています。この細胞の中にも、さらに小さないろいろな形の袋があります。その袋類の一つである液胞（左の「コラム１」参照）には、さまざまな物質がためられています。果物の甘さや酸っぱさのもとになる成分も入っています。とても酸化されやすいポリフェノール物質も含まれています。

そして液胞の外側には、細胞が生きていくために大切な酵素があり、細胞の活動を支えています。その酵素の一つにポリフェノール酸化酵素があります。レタスの茎を切るとき切り口の細胞が壊れ、液胞も破れてポリフェノール物質とポリフェノール酸化酵素とが混じります。そのためポリフェノール物質と空気中の酸素とが化合する反応（酸化）が起こります。

酸化されたものは、初めは薄茶色ですが、タンパク質やアミノ酸などと結合して赤や茶色に変わります。レタスに含まれているポリフェノール物質の量は少ないので薄い赤色（ピンク）になるという仕組みです。リンゴやジャガイモを切って、そのままおいておくと同じように切り口が茶色、赤、褐色などに変わりますが、これも同じ仕組みです。

コラム１　細胞内の便利屋さん「液胞」

液胞は「トノプラスト」という膜で囲まれ、無機塩類（カルシウム、マグネシウム、鉄など）や有機物（糖、アミノ酸、色素など）が溶けている水（細胞液）で満たされています。トノプラストは「半透性」といって、水の分子は通すが、水に溶けている糖など（溶質）の分子は通しにくい性質をもっています。

若い細胞の細胞質内には、液胞のもととなる多数の細かな小胞が存在しており、細胞が大きくなる（成長する）にしたがって、多数の小胞が融合して一つの大きな液胞となります。成長した細胞では、ふつう細胞容積の約九〇％を液胞が占めています。そのため細胞質は薄く伸ばされて細胞壁に押し付けられています。

液胞は、細胞容積の大半を占めるにもかかわらず、従来、機能をあまりもたない受動的な細胞小器官（オルガネラ）であると考えられていました。しかし近年、植物のさまざまな機能に液胞が深くかかわっていることが明らかとなり、液胞の理解なくして植物細胞は理解できないとさえ考えられるようになってきています。

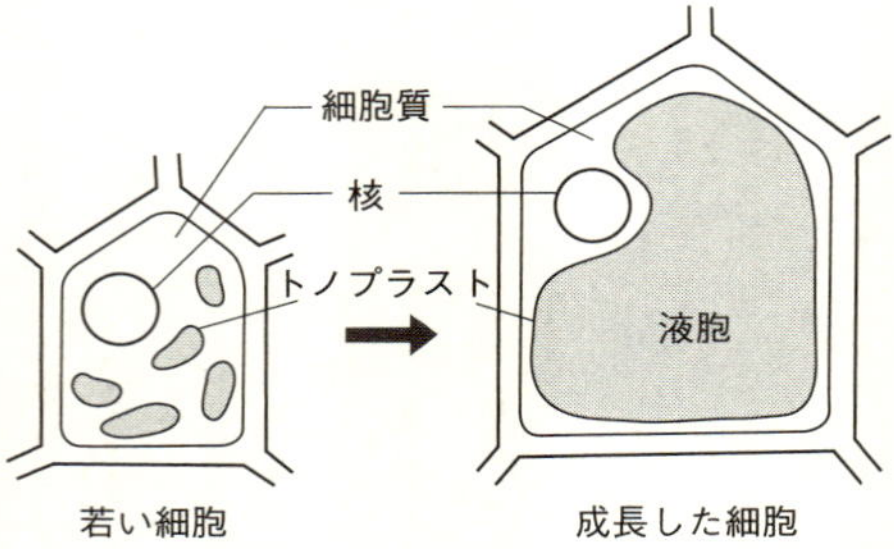

細胞の成長と液胞

それでは、液胞の重要な役割について説明しましょう。

1．浸透圧、吸水、膨圧の調節

一般に液胞内の細胞液には、各種の無機塩類や有機物が溶けており、その濃度（溶質濃度）は、細胞質よりも高くなります。トノプラストは半透性の膜ですが、これらの物質を能動的に液胞内へ輸送する働きがあり、そのため液胞では高い浸透圧が保たれます。

水は浸透圧の高い液胞内に流れ込み続けます。液胞は膨れ上がり、細胞壁に対する水圧（膨圧）を高めることになります。植物がみずみずしさを保てるのはこのためで、水不足で葉などがしおれるのは、液胞の水分が少なくなり、細胞壁を突っ張るに足りる膨圧がなくなるからです。

とくに若い細胞が成長して容積を増すとき、液胞はどんどん吸水します。植物細胞の成長（細胞成長）は、いわば水膨れのようなものなのです。このとき植物ホルモン（160ページ「コラム11」参照）のオーキシンの作用で、硬い細胞壁に緩みが生じ、膨圧で押し広げられやすくなります。しかし細胞壁の合成も続いているので、やがて細胞壁は再び柔軟性を失い、膨圧による拡大は終わり、細胞成長は止まります。

このように液胞は、細胞の形を内側から支えているのです。

2. 各種代謝物の蓄積、貯蔵の場所

植物細胞では代謝活動の結果、生命活動に直接必要のない、さまざまな代謝産物（二次代謝産物）が生じます。毒性のあるアルカロイド（たとえばニコチン）などもそうです。植物細胞はこれをうまく細胞の外に排出できないので、代わりに液胞の中に排出し、ため込みます。液胞は廃棄物倉庫のような役割をしているわけです。

また液胞内には、二次代謝産物だけでなく、さまざまな分子が高濃度に蓄積されています。種子形成の際には、次世代のためにタンパク質などの栄養分を貯蔵します。花びら（花弁）の細胞

の液胞内には、昆虫を誘引するのに役立つ「アントシアニン」という鮮やかな色素をため込んでいます。液胞は備品倉庫でもあるのです。

3. リソソーム的役割

動物細胞には、不要な高分子化合物やミトコンドリアなどを分解消化する「リソソーム」という細胞小器官があります。いわば細胞のゴミ処理工場です。植物細胞では液胞がこれに相当する役割を果たしています。細胞内の不要になったミトコンドリアなどは液胞に取り込まれて、そこで分解され、その分解産物が再利用されています。液胞はリサイクル工場でもあるのです。

Q4

「サラダはからだを冷やすから、夏も涼しく過ごせる」は本当か？

私のお母さんはサラダが大好きです。からだが冷えるから、夏でも涼しくしていられるからだといいます。それは本当ですか？　本当ならそれはなぜですか？　＊小学生

「サラダの大好きなお母さんは、なぜ夏でも涼しく過ごせるのか？」というご質問は、医学ではなく植物について研究している私たちにとって、たいへんむずかしい質問です。それでも植物の立場からいくつか考えてみましょう。

第一に、サラダは冷たい食べ物ですから、熱いお茶を飲むのに比べれば暑さを感じなくなるでしょう。しかしこれだけが理由とは思えません。

第二に、サラダが大好きなお母さんは、野菜をたくさん食べていることになります。そこに何か理由がありそうです。

野菜を含め、すべての植物は太陽の光を浴びて大きくなりますが、このとき光エネルギーを利用して、空気中の二酸化炭素から植物のすべての成分を合成することができます。このような成分を二酸化炭素から合成することのできないヒトに、植物は食料を与えてくれています。

ヒトも植物も太陽の光を浴びると細胞を傷つける「活性酸素」という悪者が生じます。植物はいつも太陽の光を浴びつつ成長しているため、何か対策をしなければたちまち日焼けして枯れてしまうはずです。しかし、植物は活性酸素を退治する成分をたくさん含んでいるため、ずっと太陽にさらされていても成長できるのです。

植物が自分自身を守っているこれらの成分は、ヒトの体内にもできる危険な活性酸素も退治してくれます。そのため食事の総カロリーの七%以上を野菜や果物などで、そして四五〜六〇%をお米やパンなどを含め、植物からつくられた食べ物でとることが勧められています（米国がん研究所、一九九七年）。

この値は多くの研究の結果から出されたものです。たとえばヒトはカロテノイド（植物の色素で野菜に多い）を合成できないため、血液中のカロテノイドの量を測ることで、野菜をどれだけ食べているかを推定できます。たくさんの家族で測定した結果、血液中のカロテノイド量の多い（野菜をたくさん食べる）家族ほど、ガンにかかる割合が低いことが分かりました。

サラダの好きなお母さんは、おそらく野菜をはじめとして植物からできる食べ物を十分にとっておられるのでしょう。そのため植物の中に含まれている成分によって、細胞が傷を受けるのが抑えられ、暑さも感じないくらいからだの調子がよいのではないかと思います。

Q5 梅干しをつくったとき、紫外線に当てたものと当てなかったもので、できあがりに違いが出たのはなぜか？

夏休みの自由研究で、紫外線について調べています。ふつうに天日に当てた梅干しと、UVカットシートを貼ったケースをかぶせて、太陽光の紫外線をカットした梅干しでは、味が違うように感じたのですが、なぜでしょうか。また紫外線を当てた梅干しは皮まで柔らかくなったのに、紫外線に当てなかった梅干しは皮が硬く感じました。梅干しと紫外線は、どのように関係しているのですか？　＊小学生

ウメの果実に対する紫外線の影響については、和歌山県の「果樹試験場 うめ研究所」で調べられています。果樹試験場の機関誌『果樹試験場ニュース No. 67（2006. 1）』に、ウメの果実に

太陽光の紫外線が当たらないようにすると、抗酸化物質の量が減少すること、紅色に着色しないことが報告されています。この報告はウメの果実がまだ樹についているときの実験結果ですが、収穫した果実に対しても紫外線は同じ効果をもつと考えられます。

植物は、紫外線が当たるといろいろな化学物質をつくるようになります。紫外線が当たっているかどうかでウメの果実に含まれる物質の種類や割合（組成）が違ってくるので、味も異なるはずです。

皮が柔らかくなった理由は分かりませんが、エチレンによるかもしれません。エチレンは果実を成熟させる植物ホルモン（160ページ「コラム11」参照）で、果実の皮を柔らかくする働きがあると思われます。多くの野菜や果実類では紫外線を照射するとエチレンの発生量が増えることが知られています。ただし、紫外線によって実際にウメの果実のエチレン発生が増えるかどうかは、今のところ分かりません。

Q6 キノコを採っても、またすぐ同じ場所から出てくるのはなぜか？

クラスの子どもから「庭のキノコを採っても、すぐ同じ場所から出てくるのは何で？」と質問されました。「庭の飾りの枕木の近くが多い」ともいいます。自分なりに調べて、キノコは菌の仲間であること、栄養分のある場所に生えることなどを知りました。しかし明確に答えられずに困っています。雑草と同じように根こそぎ採っても菌が残っているということでしょうか？　枕木から菌の栄養になるものが流れ出ているのでしょうか？　＊教師

キノコがまだ生えているようでしたら、次の実験をしてみてください。

キノコの柄と傘を切り離し、傘の裏側を下にして紙の上に一晩おいておきます。このとき傘の裏側が白っぽかったら黒い紙、黒っぽかったら白い紙を使ってください。翌朝、紙の上に模様ができていると思います。傘の裏側のひだから、粉のような胞子が落ちてできた模様です。

胞子はキノコの子孫をつくるもので、自然の状態では土の上に落ちます。土の上に落ちた胞子は発芽して、細長い菌糸を伸ばします。菌糸は枝分かれしたり他の胞子から伸びてきた菌糸と融合したりして、地表近くに菌糸のネットワークをつくります。ネットワークが発達した後、一般的には十分な水分の供給があり、その後、気温が下がると菌糸は集まってキノコをつくります。キノコは菌糸の集合体です。そして、こうしてできたキノコがまた胞子をつくり出すわけです。

つまりキノコでは、ふつうの植物の葉や茎や根が菌糸のネットワーク、花がキノコにあたるわけです。ふつうの植物で花を取り除いてもまた花をつけるように、キノコを採ってしまっても、菌糸のネットワークが残っていれば、また生えてくるのです。キノコが生えていた場所近くの土の表面を剝ぐと、白い菌糸の集まりを観察することができる場合があります。

「飾りの枕木の近くが多い」ということですが、これは枕木から養分が染み出しているというより、菌糸が枕木の中まで入り込み、中の養分を直接吸い取っているのだと思います。

Q7 サクランボの果実と柄（花柄）のあいだに離層はできないのか？

サクランボの季節を迎えてふと思った疑問です。サクランボの果実には柄が付いています。ふつうの果物なら柄から下の果実だけ落下すると思うのですが、サクラは柄の上に離層《りそう》ができるのでしょうか？　しかし食べようとすると柄は簡単に外れるので、離層はやはり果実の上部にあるようにも思えます。離層が二ヵ所でできるのでしょうか？　二ヵ所にできてもサクラにとっては意味がないように感じますが。よろしければお教えください。　＊会社員

離層は、落葉、落果などのために特別に分化した細胞群からできています。時期がくると離層内で細胞壁をとかす酵素がつくられ、細胞と細胞とが剝がれるために葉や果実が落ちます（器官脱離）。離層ができる場所は植物によって異なり、一ヵ所とは限りません。サクラの仲間では花《か》柄《へい》の付け根と先端（果実の付け根）の両方に離層ができるだけでなく、各花弁の付け根にもできるのがふつうです。

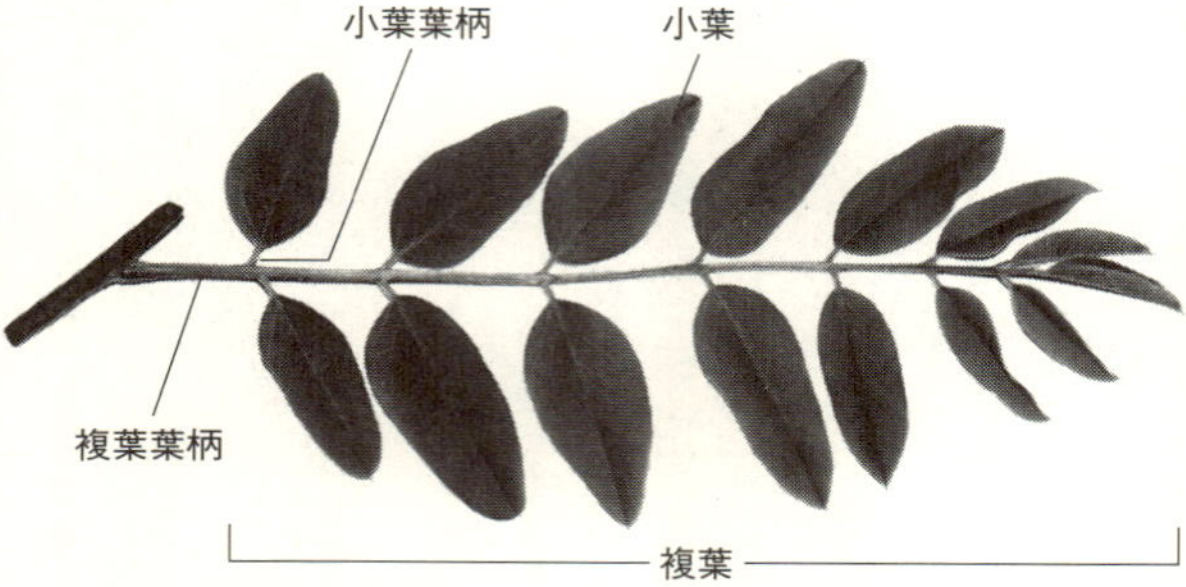

複葉のつくり（イタチハギ・マメ科）

マメ科植物も複数の場所に離層ができます。マメ科植物の多くは、葉の主要部分が複数の小さい葉片（小葉）からなっています。このような葉のつくりを「複葉」といいます。マメ科植物では小葉の葉の本体（葉身《ようしん》）の付け根、小葉の柄（葉柄《ようへい》）の付け根、複葉葉柄の付け根などに離層ができるものがあります。

離層は、ある時期にいっせいにできるのではなく、離層ができる場所、葉の生理的状態によって形成の時期や程度が違います。また、条件によって離層が完成しない場合もたくさんあります。中でもオーキシンやエチレンなど、葉の植物ホルモン（160ページ「コラム11」参照）の量の変化が重要な条件となっています。

複数の場所に離層ができる場合でも、ふつうはどれか一つの離層が器官脱離を起こします。どの部位の離層が器官脱離を起こすかは、離層ができた後に細胞分離が完成するかどうかにかかっています。たとえば空気汚染などで離層の細胞がしばしば部分的に死んでしまいますが、このような場合は細胞分離が完成せず、器官脱離は起こりません。

それから、複数の場所に離層ができても「意味がない」というのは人間の勝手な思い込みですね。長い進化の過程で種の生存に必要な意味があったとみるのが、現代生物学の考え方で、現在の環境条件で意味があるかないかとは別次元の話です。

サクランボ

サクランボは本来、果実と花柄とのあいだの離層で離れるほうが、種子を広く散布するという観点からは有利です。種子を遠くに運んでくれる鳥獣が食べるとき、花柄はじゃまですからね。ところが人間は、どういうわけか花柄付きのサクランボを好みます。食べもしない花柄が付いたほうが高く売れます。そこで育種の過程で花柄と果実とのあいだの離層発達が遅く、花茎《かけい》と花柄とのあいだの離層発達のよいものを選んできた結果が、今日の品種となっているのです。

同じことはウンシュウミカンやオレンジの「へそ」とよばれる緑色の蕚《がく》（実際は花托《かたく》）についてもいえます。離層は蕚と果実のあいだにあるので、樹上で十分に熟させると、この離層で離れて蕚なしのミカンができます。しかし萼がとれたミカンやオレンジは市場で人気がないので、育種の過程でこの離層の発達が遅い品種を選んできました。そのためこれらの果実の収穫は、萼の枝側の付け根をはさみで切る手作業に頼っています。

Q8 ユリの花粉が衣類や容器に着くと落ちにくいのはどうしてか?

ユリの花粉が衣類や樹脂製の容器に着くとなかなか落ちません。とくに樹脂製の容器に花粉が着くと、研磨剤を使ってもなかなか色が落ちません。なぜなのでしょうか? ＊自営業

花粉の表面は花粉粘着物(ポーレンキット、花粉セメントなどともよばれる)で覆われています。花粉の色をつくり、花粉同士をくっつけ、花粉が昆虫に着いて運ばれやすくし、また雌しべ(雌ずい)に着きやすくする役割があると考えられます。

マツの花粉などは粘着物が少なく、衣服、容器などに着いてもすぐ落とせます。これに対してユリの花粉などは粘着物が多く、またその主成分である脂質類の粘着性が強いために、落ちにくいと思われます。花粉粘着物を構成する物質は花粉により異なりますが、ユリの花粉などの主成分は脂肪酸が結合したステロール類やリン脂質などです。

ユリの花粉が着いてしまった場合は、有機溶剤のアセトンで洗い落とせます。ガラス、陶器はアセトンを染み込ませた布などで拭けば落とすことができます。綿、ポリエステルもアセトンで洗い、さらに石鹸で洗えば落とせます。シルク、ウールについては試したことはありませんが、生地のいたみを別にすれば、落とせると思います。アセトンが手元にないときはマニキュアを落とす除光液で試してみてください。

なお材質によっては有機溶剤に侵されるかもしれないので、アセトンに侵されないかどうか、目立たない部分で調べてから試してください。

ご質問の樹脂製容器については、私も実験室でいろいろ使っていますが、アセトンで落ちなかったことはないので、はっきりお答えできません。花粉粘着物が着きやすい材質とそうでない材質があるので、アセトンを使っても落ちにくいものがあるかもしれません。また、家庭で使用する樹脂製の密閉容器にユリの花粉が長時間接触した場合、花粉の色素が樹脂に浸透することも考えられます。このような場合は、アセトンでも落とすことはむずかしくなります。

Q9 切り花の延命剤に含まれている糖分の役割は？

切り花は、ただ水に挿しておくより延命剤を入れておくと長持ちします。その成分はおもに殺菌剤と糖分だと思うのですが、この糖分の役割は何でしょうか？　植物の細胞でエネルギーとして使われるのでしょうか？　浸透圧の関係で、細胞がよりたくさんの水を吸って花が大きくなると聞いたことがあります。ただ浸透圧で水をたくさん吸わせるなら、純水を入れておけばいちばんよいと思うのですがいかがでしょうか？　＊自営業

切り花は、切り離されたときから根からの栄養素の供給が絶たれます。室内の明るさでは光合成による糖の補給も十分ではありません。このため老化が始まります。老化は糖と植物ホルモン（160ページ「コラム11」参照）で調節されています。

切り花の多くは完全開花前のものが売られています。開花にはたくさんのエネルギーが必要なので、糖の供給はたいへん効果的です。とくにキンギョソウのように次から次へと開花する切り花には、効果が大きいとされています。したがって糖は、浸透圧調節よりもエネルギー源や、細胞の状態を正常に保つ作用を果たしています。切り花や切り取った葉に、三〜五％のブドウ糖やショ糖などを与えると延命効果（老化の抑制効果）のあることが、古くから知られています。

老化を抑制する植物ホルモンとしてはサイトカイニンやオーキシン、老化を促進する植物ホルモンとしてはエチレンが知られています。しかしサイトカイニンやオーキシンを与える方法は、まだ実用化されていません。一方、植物自身がつくるエチレン（しかも老化しかけると合成が盛んになる）の作用を抑制することで延命をはかることは、すでに実用化されています。その一つ

に、銀イオン剤のチオ亜硫酸銀（ＳＴＳ）があります。二〇年ほど前に開発され、カーネーションやスターチスなどではとくに効果的とされています。

したがって市販の切り花延命剤には、大きく分けて、糖類を主成分とする製品とエチレンの作用を抑制する銀イオン剤の二つのタイプがあります。さらに最近、より強力なエチレンの拮抗剤が開発されていますが、使用法が特殊なので業務用に限られているようです。

また切り花の寿命はカビ、細菌の繁殖で通導組織が詰まることも影響するので、ほとんどの延命剤製品には抗菌剤が加えられています。二つのタイプを組み合わせたり、微量栄養成分などを加えたりした特徴ある製品も多数あります。

Q10 なぜ、サボテンは乾燥した地域で生きていけるのか？

私の部屋にはサボテンがあります。あるとき「そういえば、サボテンってどこで呼吸しているんだ？」と思いました。そして、よくよく考えてみると「サボテンってどこに養分をためているの？」「そもそもサボテンってどういうつくりになっているの？」と、私にとってまったく謎に包まれた植物であることに気づきました。そこでサボテンについて質問です。

1．なぜ水のない地域で生きていけるのか。

2. 光合成および呼吸、蒸散はどこで行っているのか。
3. なぜ刺《とげ》をもつ必要があったのか。 ＊中学生

鉢植えにした観賞用のサボテンにはたくさんの種類があるし、うまく育てればきれいな花も咲くので心を和ませてくれますね。学校で習うのとはかなり違った形の植物なので、このような疑問が出てきたのだと思います。科学の心とは、そういう疑問をもつ心のことです。

サボテン類には大きく三つのグループがありますが、そのうち日本で観賞用に市販されている多くは、茎がうちわ状になるウチワサボテンの仲間と、茎が柱状になるハシラサボテンの仲間です。

この二つのグループの特徴は、茎が多肉化して緑色で、ここで光合成をしていることと、茎が節でつながる構造（茎節《けいせつ》）をもつことです。葉は若いときに刺が出る部分にできますが、すぐに退化して落ちてしまいます。

1. なぜ水のない地域で生きていけるのか

サボテン類が生育している砂漠は、乾燥した荒れ地といったほうがよい地域で、年間一〇〇㎜前後の雨が降ります。夕立ちのような強い雨が局所的に降り、一時的に川ができることすらあります。また日中は非常に高温になりますが、夜は急激に冷えて、氷点下になることさえあり、空気中の湿気が水滴となります。

（右）ウチワサボテン
（左）ハシラサボテン

サボテンをはじめ「多肉植物」とよばれる植物は、厚い（太い）葉や茎にこのような水や栄養成分を蓄えています。また、根が地中深くまで伸びて、地中の水を利用するものもあります。このようにして乾燥した荒れ地でも生きていけるのです。

2. 光合成および呼吸、蒸散はどこで行っているのか

最初に説明したように、サボテンは茎で光合成をしています。そして二酸化炭素と酸素を取り込んだり、排出したり、水を蒸発（蒸散）させたりする気《き》孔《こう》も茎にあります。

また、ご質問の「呼吸」が動物の肺呼吸（外呼吸）に相当する、空気中の酸素を取り込んで二酸化炭素を排出する働きとするなら、茎の気孔を通して行っています。ただし、糖類を分解してエネルギーを取り出すために、酸素を取り込んで二酸化炭素を排出する呼吸（動物では「内呼吸」）は、すべての生きている細胞で行っています。

サボテンの光合成は、ふつうの植物の光合成と仕組みが少し違っています。ふつうの植物は昼間、気孔を開けて二酸化炭素を取り込み、光合成作用で糖をつくっていますが、サボテンの場合、昼間は気孔を閉じて二酸化炭素を取り込んでいません。これは日中、高温のときには気孔を閉じて蒸散を少なくし、水の損失を防いでいるためと考えられています。夜になると気孔を開けて二酸化炭素を取り込み、これをリンゴ酸に変えて細胞内に蓄えます。

このように、気体の二酸化炭素を体内の化合物に結合させることを「二酸化炭素の固定（仮固定）」といいます。夜は光がないので光合成ができませんが、昼になると、細胞内に蓄えておいたリンゴ酸から二酸化炭素を取り出して光合成をします。気孔は閉じていても光合成で酸素ができるので、細胞が窒息することはありません。

3. なぜ刺をもつ必要があったのか

非常に頑丈で針のような刺もあるので、一般的には、刺は動物に食べられるのを防ぐためと説明されています。また茎節が簡単にはずれる種類もあり、その場合、刺は茎節を動物にくっつけ遠くに運ばれるのに役立ちます。運ばれた先で地上に落ちた茎節は根を出し、生息範囲を広げることができます。

第２章
植物とヒトと地球環境の謎

Q 11
地球から木がなくなると、どうなるのか？

地球から樹木がなくなると、どうなるのでしょうか？　＊学生

地球から木（木本《もくほん》）がなくなると、光合成生物として陸地には草（草本《そうほん》）だけが、海、川、湖には藻や植物プランクトンだけが生きていることになります。それがどのような世界になるか、考えてみましょう。

1．地球では陸地の草と木、それに海水、淡水中の藻、植物プランクトンが光合成をしていますが、地球全体の光合成の四〇％以上が木によって行われています。

そこで、もしも木がなくなると、地球の光合成量が半分近くに減り、吸収される二酸化炭素の量が少なくなるため、大気中の二酸化炭素の濃度が高くなってしまいます。大気中の二酸化炭素

マングローブ林（西表島）

が増えると、熱が地球から逃げにくくなるため「地球温暖化」といって気温がより高くなります。これによって極地の氷が溶ける一方、海水が膨張して海面が高くなったり、気候が変化したりして、環境が大きく悪い方向に変わるでしょう。

2. 木が生えている森林では、多くの草本植物、動物、昆虫、菌類などの微生物が、木と助け合って生活しています。

そこで、もしも木がなくなると、森に棲む多くの動物や昆虫は絶滅するでしょう。また、亜熱帯や熱帯の海辺にたくさん生えているマングローブ林がなくなると、そのまわりに生息している魚やエビなどの水生生物も棲み家を失うでしょう。

そして木陰のような光の弱いところでしか生育できないシダ、コケなどの植物は枯れてしまいます。代わりに、草（草本）の中でもとくにイネ科など強い光に耐えられる草が生い茂る草原だけになってしまうでしょう。

3. 山に豊かな森林があると、雨水が森林の土壌に長いあいだ保たれ、ヒトはこれを有効に使うことができます。また山の土に含まれている植物の生育に必要な養分も、雨水で流されにくくなっているし、落ち葉などは腐葉土のもとになって、植物の生育を助けています。

そこで、もしも木がなくなると、山に降った雨がすぐに流れてしまうため、下流で洪水が起こりやすくなります。また、このとき土や養分もいっしょに流されてしまうため、山には草も生えなくなります。

森林地帯を流れる河川は、海のプランクトンの繁殖を支える栄養分を含んでいます。木がなくなるとその栄養分も少なくなって、海のプランクトンが減少し、その結果、魚類なども少なくなるでしょう。実際にこのようなことは、森林を伐採したときにしばしば見られています。

4. 身の回りには、家屋、家具、鉛筆、木炭などなど、木を材料にしてつくったものが非常にたくさんあります。紙もすべて木材を原料にしたパルプからつくられています。

そこで、もしも木がなくなると、これらすべてがなくなり、プラスチックやコンクリートなどで代用しなければならなくなるでしょう。紙がなくなったら、新聞や本などは何に印刷したらよいのでしょうか？　バイオリン、ピアノ、琴などの美しい音も聴けなくなるでしょう。果樹がなくなったら、カキ、リンゴ、ナシなどの果物は食べられなくなってしまいます。

木がなくなった地球の環境を、ほんの一部だけ考えても、木がヒトの生活にどれだけ貢献しているか分かるでしょう。森林の樹木を大切に！

Q12 地球温暖化が進んで気温が上昇すると、植物の春の目覚めは遅くなるのか？

多くの植物は、低温の休眠期間を経て、春先、暖かくなると新芽が芽吹くと聞いています。地球温暖化が進んで気温が上昇し、冬の低温期間がなくなると、植物の春の目覚めは遅くなるのでしょうか。また、ある植物が休眠から目覚めるのに必要な低温期間を測定する実験方法は、一般的にどのような手法でしょうか。　＊団体職員

地球規模での気候変動は、もちろん植物にとっても影響が甚大です。ご質問にある、植物の花や葉のもとになる芽（花芽・葉芽）の休眠も、大きな影響を受ける現象の一つです。

休眠には、温度や日長などの変化によって誘導される自発休眠（自然休眠）と、自発休眠から覚めても発芽、生育に適さない環境条件が続く場合に起きる強制休眠があります。

自発休眠は、アブシシン酸（160ページ「コラム11」参照）が葉でつくられ、それが芽へ移行するために起こると考えられています。この自発休眠を人為的に早く終わらせ、条件が整えばただちに芽を出させるようにする方法の一つが、低温にさらすこと（低温処理）です。

低温処理によって自発休眠が破られる（休眠打破）かどうか、どの程度の低温（温度、あるいは時間）が必要かは、植物ごとに決まっていますが、多くの場合、七度C程度がもっとも効果があるようです。したがって、温暖化によって冬の気温がこの温度帯まで低下しなければ、休眠打破が遅れて開花がずれこみ、おいしい果物や野菜が食べられなくなる可能性がおおいにあります。もちろん、自発休眠の打破には、光など温度以外の要因も関与していますから、温暖化で気

温が上がっても、春になって日が長くなったことを感じて、今までと同じ頃に開花する植物もあると思います。

では、どの程度の低温に、どのくらいの時間さらせば休眠打破が起きるのでしょう。それについて福島県果樹試験場（現・福島県農業総合センター 果樹研究所）での実験をご紹介します。

二つの品種のモモを、七・二度C以下の低温にさまざまな時間さらします。その後、温室（一五度C前後）に移し、発芽、開花までの時間と最終的な発芽率及び結実状況を測定します。その結果、低温処理時間が短いと、発芽までの日数が長くなること、ある一定の低温処理時間以下では、発芽後に開花した花の形態や、その後の果実への発達に異常が現れる場合もあることが分かりました。

モモを使ったこの実験では、調べられた二品種間の低温要求時間の差は一〇〇時間余りでしたが、異なった植物種では、品種間にもっと大きな時間差が見られる場合もあります。

他の植物でも、低温要求時間の測定はほぼ同様の方法がとられています。このような実験によって植物の低温要求時間が推定されると、アメダスなどを利用した継続的な気温測定と併用することで、自発休眠が打破されて芽吹く時期を知ることができます。その時点で、新芽の生育障害が発生しそうな寒さがくることが予想されれば、何らかの予防策をとることもできます。

このように、植物（品種）の自発休眠の打破に関する低温要求時間を知っていることは、農作業の面からは非常に重要なことです。

コラム2　植物はどこで、どのようにして高温や低温を感じるのか？

温度変化は植物の生育にさまざまな影響を与えます。植物は四〇度C程度の致死的ではない高温にさらされると、多くのタンパク質や酵素の性質が変化（変性）し、その働きを失ってしまいます（機能の失活）。このような場合、植物は熱ショック応答を起こして、「熱ショックタンパク質」とよばれる一群のタンパク質の産生を増加させます。熱ショックタンパク質のあるものは、高温で変性したタンパク質や酵素の修復や分解を助ける働きをもっています。

このような熱ショック応答は、微生物から高等な生物にまで広く見られます。たとえば、シロイヌナズナでは四〇〜四五度Cくらいで熱ショック応答を起こします。ラン藻（シアノバクテリア）という光合成を行う細菌では、培養温度によって熱ショック応答の見られる温度が変わり、培養温度から一〇度Cくらい急激に上昇すると起こるようです。

熱ショックタンパク質の発現誘導は、熱ショック以外の条件、たとえば高浸透圧、高塩濃度、酸化ストレスなどでも見られます。したがって、単純に温度の変化が引き金になって起こるのではなく、何らかの外的要因により特定のタンパク質の構造変化・変性が起こり、それを検知する系によって発現が制御されていると考えられています。

一方、低温下では、酵素の活性が低下するなどして植物の生育が阻害されます。低温ではとくに細胞膜の機能が失われることが知られています。

細胞やその内部にある細胞小器官（オルガネラ）は、それぞれ膜で包まれています。どちらも脂質の二重膜で、内外の境界として機能し、物質の移動やエネルギー生産の場として重要な働きをしています。これらの膜の機能が正常に作動するためには、適当な流動性を保っていることが必要です。ところが低温下では、バターが固くなるように、膜脂質の流動性が低下したり固化したりしてしまい、膜の機能が失われます。

このような膜脂質の流動性の低下が続くと、低温傷害を起こします。サツマイモやバナナのように熱帯性の植物では一〇度C以下で、キュウリやトマトのような温帯性植物でも四〜五度C以下におくと低温傷害を起こします。この流動性の変化に対しても、植物はさまざまな遺伝子の発現を制御することで順応しています。

植物を含めた変温性の生物（微生物や魚類など）では、低温にさらされると、細胞膜の流動性を保つために膜脂質脂肪酸を不飽和化する酵素をつくります。この酵素は、細胞膜を構成する脂質の質を変化させ、低い温度でも膜が固くならないようにします。

通常、実験室では、ラン藻を三四度Cで培養しています。三二度Cまでは膜脂質脂肪酸を不飽和化する酵素はほとんど発現しませんが、三〇度Cくらいから検出され、二四度Cくらいまでは温度が下がるにつれてより強く発現するようになります。

低温による不飽和化酵素遺伝子の発現は一過性のもので、この酵素の働きにより膜脂質の不飽和度が増して流動性を保てるようになると低下します。また三四度Cと二八度Cで培養したラン藻の低温応答性を調べると、二八度Cで育てたもののほうが、より低い温度で応答します。このため、変温性の生物は絶対的な温度ではなく相対的な温度を感じていると推定され、温度の低下による膜脂質の流動性の低下をモニターして、低温誘導性遺伝子の発現を制御するというモデルが提唱されています。

では、植物はどこで、どのようにして低温や高温を感じるのでしょうか。

膜脂質の流動性低下を低温のシグナルとして検知し、膜脂質脂肪酸を不飽和化する酵素の発現制御にかかわるセンサータンパク質が、ラン藻から見つかりました。微生物にも同じようなシステムがあるようで、枯草菌からもよく似たタンパク質が見つかっています。植物にも同様の温度検知機構があると想像していますが、今のところその実態は明らかにされていません。

Q13 大気中の二酸化炭素濃度の上昇は、植物にどんな影響を及ぼすのか？

地球温暖化の原因となる大気中の二酸化炭素濃度が高くなっていますね。二酸化炭素は植物の光合成の材料で、必要不可欠なものですが、かといって濃度が高くなりすぎると、逆に悪影響を及ぼすような働きをすることはないのでしょうか？

＊学生

大気中の二酸化炭素濃度が上がると、植物にどのような影響があるかを予測するために、多くの研究が行われています。現在の大気の二酸化炭素濃度は三八〇ppm（〇・〇三八％）ですが（二〇〇五年のデータ）、たとえば、これを二倍あるいはもっと高くした状態で植物を栽培したとき、光合成や成長がどうなるかが調べられています。

一般的な方法は、ポット植えの植物を二酸化炭素濃度が高い施設内で栽培します。もっと大掛かりに調べる場合は、ＦＡＣＥ（Free Air CO_2 Enrichment 実験）をします。森林や田畑の一部を二酸化炭素供給用のバルブをつけた柱で囲み、風向や風速を観測しながら適当なバルブを開いて、柱で囲まれた部分の空気の二酸化炭素濃度を高く保つという施設です。森林で行う場合などは、二酸化炭素をタンクローリーで運んで放出することもあります。

このような実験の結果はさまざまで、二酸化炭素を高濃度で与えたほうが大きくなる植物もあれば、そうでない植物もあります。

光合成によってできた産物（光合成産物）は、根や茎などの光合成をしない器官の呼吸や、新しい器官の成長に使われたり、果実や種子などの貯蔵器官に運ばれたりします。光合成産物を使ったり貯蔵したりする器官（シンク器官）が、光合成を行う器官（おもに葉）に比べて少ないと、余った光合成産物が葉に蓄積してしまいます。すると光合成の働き（光合成活性）は低下してしまいます。

一方、相対的にシンク器官が多い場合は、二酸化炭素濃度が高くなると成長が促進されます。メロンやスイカの果実はいわば巨大なシンク器官です。これらを温室で栽培する場合には「二酸化炭素施肥」といって、二酸化炭素濃度を高めることが日常的に行われています。窒素やリンなどの無機栄養を十分に与え、二酸化炭素濃度を高めることで、成長を促進させるのです。

Q14 植物の化石は、なぜ何万年経ってもなくならないのか？

植物の化石は、なぜ何万年もの時が過ぎているのになくならないのですか？　＊中学生

たしかに植物は動物よりも化石として残りやすいようです。それはなぜでしょうか。

植物の細胞には、細胞膜のさらに外側に丈夫な細胞壁があります。細胞膜は動物にもありますが、細胞壁は動物にはありません。細胞壁には丈夫で分解されにくいセルロースがあって、細胞の形を壊れにくくしています（52ページ「コラム3」参照）。また木がつくる木材には「リグニン」というさらに丈夫な物質があるので、木の幹がそのままの形で残ることもあります。

よく目にする植物の化石に、葉が押し型のようになったもの（印象化石）があります。この場合、葉の細胞や組織はなくなっていますが、壊れにくい細胞壁のおかげで、葉全体の形が葉脈の走り方なども含めて残されています。印象化石になると、植物をつくっていたもとの物質が、岩石に含まれる鉱物の成分に置き換えられています。形は植物ですが、石になっているので、長く

残るのです。

時には、葉などの組織が炭のようになって薄く残る場合もあります（圧縮化石）。また珪化木《けいかぼく》のように立体的に外形が保存されているだけでなく、組織や細胞などの形も保存されている化石もあります。「鉱化化石」といって、植物が鉱物質を多く含んだ温泉水などに浸かり、漬物のように鉱物質が染み込んで硬くなったものです。植物の細胞壁はとくに鉱物が染み込みやすいので、石として保存されやすいのです。

ブナの葉の印象化石（新生代第四紀）

石が長く残るのと同じで、植物化石も地層の動き、地中の熱や化学物質で壊されたり、地上で風化されたりなどしない限り、長く保存されます。

植物の組織は、最初にふれたように壊れにくいので、石にならなくとも、たとえば炭のような状態で外見が残ることもあります。このような炭化した化石は、泥や砂のような軟らかい地層に残っているのがふつうです。

姿が分かる植物の化石でもっとも古いものは、約四億二〇〇〇万年前のシルル紀の地層から発見されたクックソニアです。高さ一〇cmくらいで、今の植物のように

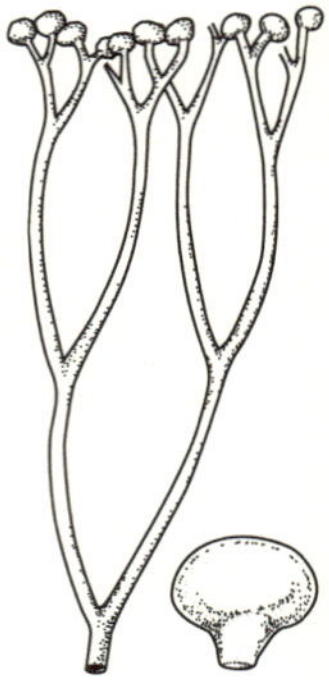

クックソニア
西田治文 1998 より

根、茎、葉の区別がなく、針金のような細い軸が数回二股に分かれるだけの単純な形をしています。軸の先端には胞子嚢があり、今のコケやシダと同じように胞子をつくって増えていたものと思われます。シダの仲間の祖先に近いのではないかと考えられています。

現在は、クックソニアのような植物よりも先に、コケの仲間が上陸しただろうと推測されています。シルル紀よりも古いオルドビス紀の地層からも、おそらく陸で生活したとみられる植物の胞子が見つかっており、これがコケの仲間の胞子に似ているからです。ただし、その姿形が分かる化石はまだありません。

陸に上がった植物の祖先は、水の中にいた藻類です。陸上植物にもっとも近い藻類は、緑藻類の一つで、淡水に生活する車軸藻類です。藻類の細胞壁はあまり丈夫ではないので、化石として残っている藻類は多くありません。もっとも古い車軸藻類の化石は、デボン紀の初め（約三億九〇〇〇万年前）のものです。

コラム3　細胞壁の役割1　細胞の形や大きさを決め、植物の形を保つ

細胞壁の代表的な役割は、細胞の形、大きさを決めることです。細胞が大きくなることを「細胞が成長する（細胞成長）」といいます。これは細胞の容積が増えることですから、細胞を囲む

細胞壁がどれだけ広がるかによって、そのサイズが決まります。細胞壁の広がりが縦方向に顕著に起これば、細長い細胞ができます。これは茎が伸びるときの細胞に見られます。また横方向に顕著に広がれば、ずんぐりむっくりの細胞ができます。

細胞壁は機械的な強度を与えるセルロース繊維と、そのあいだを埋めているヘミセルロースからできています。ヘミセルロースはいわば柔らかい部分で、細胞壁が広がるにはこの部分が重要な役割を果たしています。セルロース繊維が縦に配列していると細胞壁は横へ広がりやすく、横に配列していると縦に広がりやすくなります。

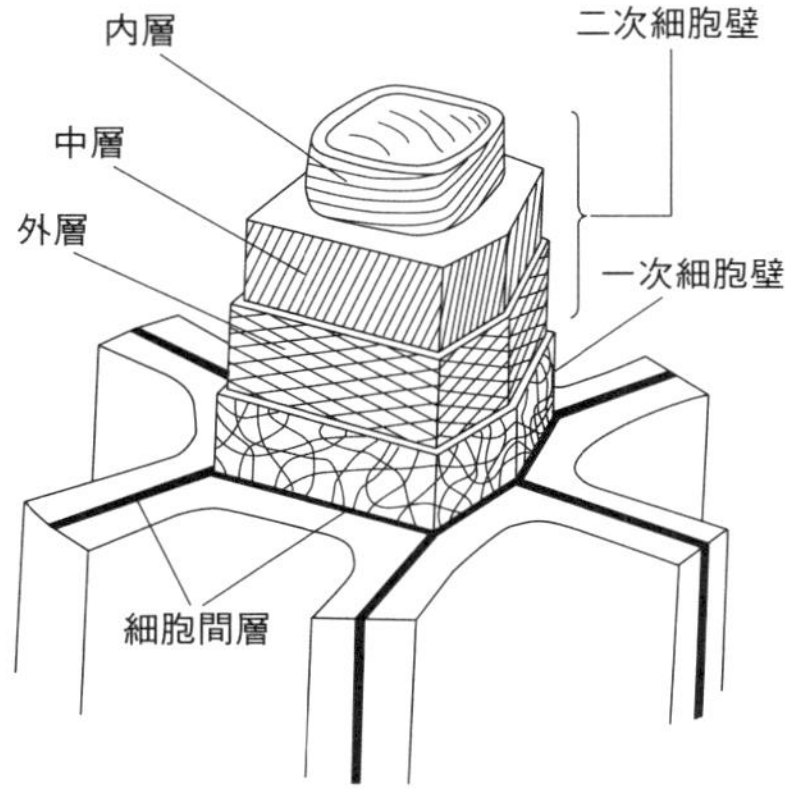

二次細胞壁は外層、中層、内層からなる。いずれもセルロースが螺旋状に巻いているが、各層ごとに巻く角度を変えることで強度を増している。さらにセルロースの繊維の上にはリグニンが沈着して、より強固な組織となっている。

細胞壁の構造

志村史夫 1999 より一部改変

23ページの「コラム1」で詳しく述べていますが、植物の細胞はいつも吸水しようとしています。そのためもしも細胞壁がなければ、吸水によって細胞は拡大し続け、ついには細胞膜が内部の圧力に耐えきれなくなって破裂してしまいます。細胞壁はそれを防ぐ役目をしています。

植物には、動物のような内部骨格や昆虫のような外部骨格がない代わりに、たくさんの細胞の細胞壁がまとまって機械的な支持構造となっています。一部の細胞は成長が進むと、セルロースを主体とする一次細胞壁の内側に二次細胞壁ができ、そこにリグニンが沈着して（木化、もしくはリグニン化という）、より強固な構造の細胞壁になります。とくに樹木（木本植物）では、成長にともなってリグニンの沈着がさらに進み、より一層強固な組織（木部組織）ができます。

木本植物では、このような発達した木部組織が支持構造になっています。ちなみに、木化が進んだ細胞は生きてはいません。

Q15 植物が成長するとき、植物の重さが増えた分だけ、成長で使われた物質が土や大気から減っているのか？

質量保存の法則は頭では理解しているつもりですが、植物の成長に関して厳密に証明されているものなのでしょうか。たとえばヒマワリは、成長して花が咲いた頃には、一粒の種子の重さの何倍も質量が大きくなっています。はたしてそれと同量の土や大気の質量変化はあるのでしょうか。また、供給された水や酸素との収支はどうなっているのでしょうか。＊団体職員たしかに植物は種子から成長するにつれて重量が著しく増加していきます。ベルギーの医師ファン・ヘルモントは、二kgのヤナギの若木を乾燥重量五kgの土を入れた鉢に植え、水だけで五年間育てた後、その間に落ちた葉も含めて重量を慎重に測定しました（一六四八年）。五年後のヤナギの重さとその間の落ち葉の合計重量は七五kgでした。もっとも、多くの植物体（草本）の八〇〜九〇%は水でできているので、実際には増加した重量の大半は水によるといえます。

この成長をもたらしたのは、根から吸収した水や無機物と、葉で吸収された二酸化炭素から、太陽エネルギーを用いて合成された有機物です。

一八〇四年にスイスの植物生理学者ド・ソシュールにより、植物が大気中の二酸化炭素を吸収して生育することが示され、一八六二年には、この吸収された二酸化炭素がデンプンに変わることが、著名な植物学者ユリウス・ザックスによって明らかにされています。

無機物は土の中から吸収されます。ファン・ヘルモントの測定では、土の乾燥重量は六〇g減っていました。つまりヤナギは土からそれだけの無機物を取り入れて成長していたのです。

その一方で、植物は酸素や余分な水を放出します。たとえばトウモロコシでは、一gの有機物を合成するのに、二〇〇〜三〇〇gの水が使われるという実験結果があります。ただし一gの有機物を合成するのに必要な水は〇・六gなので（Q82参照）、大半の水が、根から吸収された後、葉の表面の気孔から水蒸気として蒸発（蒸散）して環境に戻されていることになります。

このように全体として質量の収支は合っています。

Q16 磁力は植物の生育に影響するのか？

植物の生育に磁力が影響すると聞きましたが本当でしょうか？　また、それはなぜか教えてください。それから、昔からの言い伝えで、方角を知るのにダイコンを抜き、ひげ根の向きを見ることで判断していたらしいけど、本当でしょうか？　＊中学生

植物を含む生物体は、磁性をもった原子や分子を含んでいるので、磁場におくと何らかの形で影響を受けることが考えられます。そこで植物に対する磁場の影響については、昔からいろいろと研究されてきましたが、結果は一定ではありませんでした。そのおもな理由は、植物は光、重力、温度、あるいは水分などの他の環境要因に、磁場以上に強く影響されるからです。

最近になって、できるだけ他の要因の影響を取り除いた条件下で、植物に対する磁場の作用が研究されるようになりました。たとえばスペースシャトルや宇宙ステーションの中は無重量状態ですが、地球の磁場は残っています。そこでは光、温度、水分などを自由に調節できるので、磁場だけの影響を調べられます。

その実験の結果、微小磁場環境では植物の成長が促進され、逆の強磁場環境では阻害されること、また磁場の弱い方向に成長することが、いくつかの植物で見いだされました。ただし植物の

成長に対する磁場の影響はそれほど大きくなく、作用の仕組みもほとんど分かっていません。

植物が成長する向きと方角との関係についてもいろいろといわれています。ダイコンのひげ根についてはは分かりませんが、樹木の年輪が南側に膨らんでいると言われているのは俗説です。実際には年輪の偏りは様々で、原因は、光、重力、温度、水分や生育地の傾斜などの影響と考えられます。しかし、磁場はあまり関係していないと思われます。

植物の成長は多くの環境要因によって左右されますから、磁場の作用だけを抜き出して理解するのはむずかしく、その研究は今後の課題になっています。

Q17 紫外線は植物の成長にどのような影響を与えるのか?

夏休みの自由研究で、紫外線は植物にどのくらい悪いかを調べました。アクリル板で紫外線を減らして葉大根を育てました。しかし葉大根は、アクリル板を使わないときと同じように育ち、紫外線の影響はありませんでした。もしかしたら、こんな方法だと紫外線の影響なんて調べられないのかなと思いました。

紫外線が植物にどんな影響を与えるのか教えてください。それから、紫外線の影響を調べる方法を教えてください。　＊中学生紫外線（UV：UltraViolet）は、その波長によってUVA、UVB、UVCのグループに分けられます。UVAは三二〇～三九〇nm（ナノメートル：一mの一〇億分の一）の波長域、UVBは二八〇～三二〇nm、UVCは二〇〇～二八〇nmの波長域の光です。紫外線は波長が短いほどエネルギーが大きく有害です。紫外線のおもな害作用は、遺伝子（DNA）の損傷で、このためヒトでは皮膚ガンなどが引き起こされます。

太陽からくる紫外線のうち、UVBとUVCはオゾン層で吸収されてしまうので、地表に届くのはわずかです。しかし今、オゾン層の破壊が問題になっていることはご存じでしょう。

屋外で生きる植物は、ヒトよりも多くの紫外線にさらされています。また紫外線は大気に吸収されるので、高地に生きる高山植物はとくに多くの紫外線にさらされています。しかし植物は紫外線に対する備えがあり、自然状態ではほとんど問題ありません。

一般に高山植物は平地の植物よりも、葉に紫外線を吸収する「フラボノイド」とよばれる色素が多く含まれていたり、紫外線による傷害を修復する機構が強く働いたりしているようです。人工的に大量の紫外線を当てると、成長や花芽（花のもとになる芽）の形成が阻害されますが、その場合にも、葉が厚くなったり、葉の表面にワックスが産生されたりするなど、紫外線を防御する仕組みをつくることもあります。

植物にとって、紫外線はほとんどの場合に有害ですが、青の波長域に近いUVAは逆に利用される場合があります。花の色などに含まれる色素のアントシアニン（赤～青、紫色）の合成にU

ＶＡがかかわっていますす。高山では花の青色が濃いのは、紫外線の量が多いからだとされています。また、植物が明るい方向へと成長する光屈性（Ｑ60参照）がもっとも活発になる光は、青の波長域に近いＵＶＡなのです。

また紫外線のもとで見る花の色やそのパターンは、可視光線（波長四〇〇～八〇〇㎚）のもとで私たちが見るのとはまったく違います。昆虫はそのＵＶＡ領域の紫外線で見た花色のパターンに誘われて花を訪れるようです。昆虫が花を訪れることは植物の受粉にとって大切なことですから、紫外線は植物の繁殖にとってもきわめて重要な役割を担っていることになります。

最後になりましたが、植物に及ぼす紫外線の影響を調べる場合、紫外線をカットしても植物の外見上の変化はないでしょう。紫外線を大量に当ててその影響を見る実験はできますが、人工的な紫外線を発生させる装置は危険なので、その取り扱いは学校の先生によく相談してください。

第3章 植物の形に秘められた謎

Q18

同じ植物ならゲノムも同じなのか？

シロイヌナズナの全ゲノム配列が解読されたと聞きました。そのことで疑問を持ちました。たとえば「十人十色」といいます。だとするとヒトではゲノムは十人十色になると思ったのですが、すべてのシロイヌナズナでゲノムが同じなのですか？　＊学生

遺伝子の本体は、アデニン、チミン、グアニン、シトシンという四つの塩基と、リン酸と糖（デオキシリボース）からなる核酸が連なってできたＤＮＡ（デオキシリボ核酸）で、この塩基の配列順序（塩基配列）が遺伝情報を担います。

同じ種での塩基配列には、非常に高い共通性があります。たとえばヒトのゲノムはほぼすべて解読されており、自分と他人の塩基配列は九九・九％同じであることが分かりました。ヒトのゲ

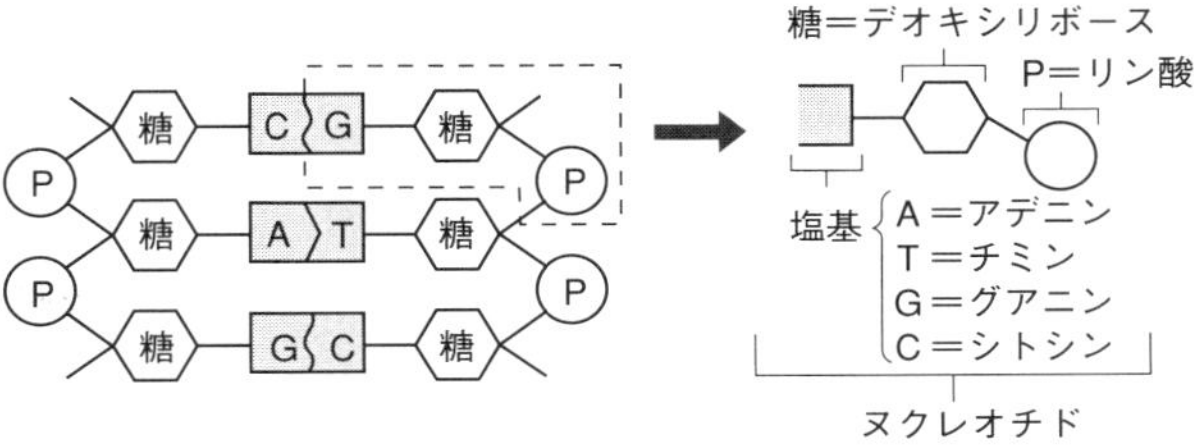

DNAの構造（模式図）

ノムの塩基数は約三〇億個とされているので、つまりその〇・一%、約三〇〇万個が個人個人によって違うことがあるということになります。約三〇〇万個の塩基の違いは、ゲノム中に散らばって存在しています。

　こうした塩基の違いが実際に現れる頻度が全体の一%以上の場合は「遺伝子多型」、それより少ない場合は「変異」とよばれています。病気の原因になるような遺伝子多型や変異もありますが、遺伝情報として必ずしも重要でない部分にあったり、生きていくうえで大きな影響がなかったりするものもたくさんあります。さまざまな遺伝子多型の違いと、それに基づくわずかずつの機能の差が、個人差（身長、顔かたち、体質など）として現れてくるのです。これが十人十色になる理由です。

　同様に他の生物も、遺伝子レベルで見れば個体ごとに遺伝子多型や変異をもっています。しかし分子遺伝学の研究をする際には、個体差は実験結果のばらつきを大きくするので、できる限り遺伝的にそろった集団（純系）を用います。植物学の研究でしばしば用いられるアブラナ科のシロイヌナズナは、自分自身の雄しべと雌しべで交配（自家受粉）して次世代をつくることができる植物なので、容易に純系を得ることができます。

現在、シロイヌナズナのゲノム情報として公開されているものは、ある一つの純系統のDNAの塩基配列で、その塩基数は約一億二五〇〇万個とされています。現時点では異なる系統の塩基配列の解析はそれほど進んでいませんが、知られている限りでは、ある異なる系統間でおよそ一七〇〇塩基に一個の割合で遺伝子多型があると推測されています。実際に、系統が違えば見かけや花の咲く時期にかなりの差が現れます。

Q19 有名なメンデルのエンドウの交配実験では、できたマメの中に「どちらでもない」という形質のものはなかったのか？

以前、自由研究の題材を探すために中学の理科の資料集を見ていたところ、メンデルの実験の結果を見つけました。その表には、メンデルが調べた七つの形質すべての優性、劣性がほぼ三対一になっていましたが、手作業で分けてもこんなにきれいに三対一と出るのでしょうか？

たとえば、茎の丈は「高い」、「低い」、種子の形は「丸形」、「しわがある」の他に「どちらでもない」というのがあると思います。エンドウは優性、劣性が他に比べてはっきり出るらしいですが、丸いものは丸く、しわがあるものはしわだらけで、高い低いも一目で分かるぐらいはっきりしているのでしょうか？　＊高校生

メンデルはその実験で、まず「純系」といえるような遺伝的にそろった系統の株をつくるまで自家受粉を繰り返し、最終的に七つの形質を選びました。『雑種植物の研究』（岩槻邦男・須原準平訳　岩波文庫）には、どのようにしてその七つの形質を選んだのか、また「どちらでもない」というあいまいさを、どのように排除したのか詳しく書かれています。

たとえば茎の丈の違いを見る実験では、確実に違いが見分けられるようにするため、つねに茎の丈が六〜七ft（フィート：一ft＝約三〇・五cm）のものと、〇・七五〜一・五ftのものを組み合わせるような工夫をしたとしています。それらのうち、一ftと六ftの雑種（雑種第一代＝F_1）では、例外なく茎の丈が六〜七・五ftのものが得られたとも報告しています。

また種子の形を見る実験では、必ず熟した時期の種子を使い、丸形または丸形に近く、表面の凹凸がわずかなものと、不規則に角張って深いしわのあるものとを組み合わせています。

このように工夫した結果、雑種第一代の種子の形は、すべて「丸形」またはこれに近く、くぼみがあってもわずかで、「どちらでもない」に分類される種子はなかったと記しています。

以上のようにメンデルは、純系を得るために周到に準備し、交雑実験にあたっても、交雑させる個体を慎重に選んでいるのです。

調べた形質	P	F_1	F_2の個体数と、その比（分離比）		
種子の形	丸形×しわ形	丸形	丸形（5474）	しわ形（1850）	2.96：1
子葉の色	黄色×緑色	黄色	黄色（6022）	緑色（2001）	3.01：1
種皮の色	灰色×白色	灰色	灰色（705）	白色（224）	3.15：1
さやの形	ふくれ×くびれ	ふくれ	ふくれ（882）	くびれ（299）	2.95：1
さやの色	緑色×黄色	緑色	緑色（428）	黄色（152）	2.82：1
花の付く位置	腋生※1×頂生※2	腋生	腋生（651）	頂生（207）	3.14：1
茎の丈	高い×低い	高い	高い（787）	低い（277）	2.84：1

※1　腋生…花が葉の付け根（葉腋）から出る
※2　頂生…花が先端部分のみに付く

メンデルの実験結果

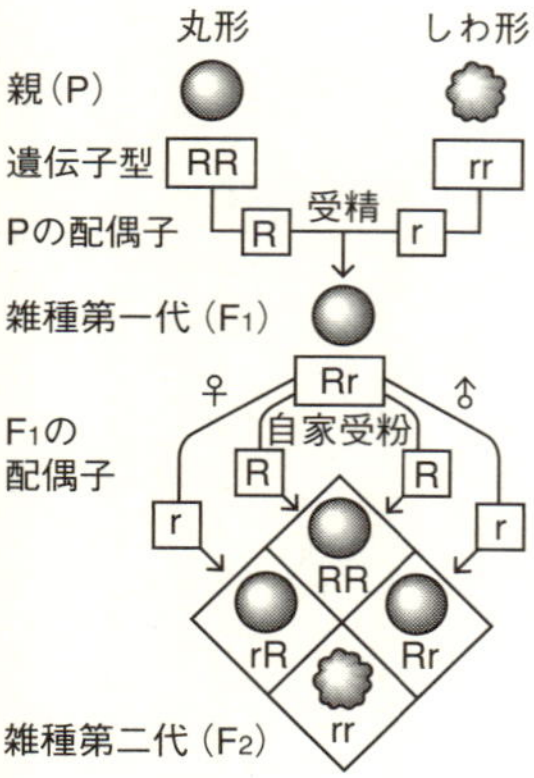

F_1は両親から1つずつ配偶子をもらい遺伝子型はRrとなる。Rは優性、rは劣性であり、rはRに隠れてしまうため、F_1では外見上、Rの形質（丸形）が現れる。＜優性の法則＞

F_1を自家受粉させてF_2を得ると、F_1で隠れていた劣性の形質（しわ形）が再び現れ、優性と劣性の形質はほぼ3対1の割合になる。＜分離の法則＞

メンデルの法則

ちなみに統計学者のロナルド・フィッシャーが「メンデルのデータはきれいすぎる」と批判しました。しかしメンデルにならって交雑の際に慎重に個体を選んだ三人の研究者が、それぞれ独自に出したデータも、メンデルと同様に「きれい」なものだったので、フィッシャーの批判はあたらないとされています。なお、図に書かれている「優性の法則」と「分離の法則」という名称は、メンデル自身が付けたものではありません。三人の研究者によるメンデルの再発見以後に「法則」という名前が付けられました。

Q20 四つ葉のクローバーはどのようにしてできるのか？

自由研究で「三つ葉のクローバーの中に、なぜたまに四つ葉のクローバーが出てくるのか」ということを調べています。一生懸命調べているのですが、突然変異ということが関係していることまでしか分からず、しかも言葉がとてもむずかしくて困っています。次の疑問についてヒントがもらえたら、とてもうれしいです。

1．突然変異を分かりやすく教えてもらえますか。

2．突然変異を起こすのは遺伝子だそうですが、この遺伝子は私たちが「父や母に似ている」といわれる要因になるものと同じものなのですか。

3. 突然変異同士の四つ葉のクローバーの株同士を受粉させたら、ふつうの株より高い確率で四つ葉のクローバーが現れますか。
4. 人間が手をだして遺伝子というのをいじったら、何十枚もの葉がいっぺんについたクローバーの苗などできますか。 ＊小学五年生

クローバーの葉は、いわゆるクローバー型の三つが一セットで一枚の葉です。三つに分かれている部分は、専門の言葉で「小葉」といいます。ふつう（三つ葉）のクローバーは三小葉からなる葉をもち、四つ葉のクローバーは四小葉からなる葉をもつ、という言い方をします。

ご質問の四つ葉のクローバーは、二通りの理由でできるようです。

もともと葉の赤ちゃんにあたる部分（葉の原基）は非常にデリケートです。また三つで一セットという形をつくるのは、仕組みとしてはけっこう複雑でたいへんなことなので、その部分が踏まれて傷ついたり、あるいは栄養が多すぎたりすると、うっかりして四つ一セットになってしまうこともあります。野原などでときどき見つかる四つ葉のクローバーは、多くがこういう理由でできたものです。うっかりミスですね。

一方、園芸店で売られている品種のように、いつも（あるいは非常に高い確率で）四つ葉になるようなクローバーも実際にあります。これは突然変異のため、三つ一セットにする仕組みそのものが変化してしまったものです。

そこで「突然変異とは何か」ですが、それに答える前に、遺伝子について説明しておきます。子どもが親に似るのは、親から子どもに遺伝子が伝わるからですね。クローバーらしさを決める遺伝子が、親から子どもへたくさん伝わっています。このように、生き物のそれらしさが伝わることを「遺伝」といい、その遺伝のもとになっている物質が遺伝子です。

この遺伝子は物質ですから、壊れることもあります。そして間違うこともあります。たまたま間違うこともあれば、紫外線や化学物質のせいで間違うこともあります。いずれにせよ、そういう間違いが起きて遺伝子が変化した場合、これを「突然変異」といいます。

この突然変異した遺伝子も、きちんと子どもに遺伝します。ですから、もし突然変異でできた四つ葉のクローバーなら、その子どもはやはり四つ葉になる確率は高いと思います。

ただし、ある遺伝子をもらったら子どもが必ずその遺伝子の性質を出すかというと、必ずしもそうではありません。遺伝はじつにおもしろい仕組みでできていて、単純に子どもが親に似るとは限らないのです。

たとえば、もともとは青い花を咲かせる植物の中から、突然変異で白い花を咲かせる株Aと株Bが現れて、それぞれ、その子どもがみんな白い花を咲かせるとしましょう。白い花を咲かせる性質は遺伝していますね。こういうとき、AとBとを掛け合わせた子どもはどうなるかというと、やはり白くなることもありますが、場合によっては青い花になることもあります。

ですから、突然変異でできた四つ葉のクローバーの株があった場合、そこから自分の花粉で受粉（自家受粉）して取った種子ならば、ふつうの株よりは四つ葉が現れる確率は高いと思います。しかし、別々の四つ葉のクローバーを掛け合わせたとしたら、どうなるか分かりません。この辺はおもしろいところですから、ぜひ遺伝のことも勉強してみてください。

最後に、「人間が遺伝子をいじったら四つ葉どころかもっとたくさん葉が付いたクローバーもできるか」というご質問については、答えはイエスです。野生でも、五つ葉、六つ葉、七つ葉といったものまで見ることがあります。遺伝子を操作すれば、一〇〇葉というのでも可能でしょう。そういうことを実際にやるかどうかは別問題ですがね。

コラム4　高等植物の「高等」の意味

高等植物とは、一般的には比較的複雑な体制、たとえば維管束（道管や篩管《しかん》を一つにまとめた束）をもつシダ植物や裸子、被子植物をいいます。これに対して、そのような体制をもたない藻類などを下等植物とよぶことがあります。

しかし、これらの語は学術用語ではなく、ごく観念的な用語です。さらに高等植物が優れ、下等植物が劣っているわけではありません。単に構造上の複雑さの違いや、進化の過程で地球上に現れた時期が異なる、という程度の違いです。

生物学の世界では、「高等」とか「下等」とかということばに、特別の意味はないと思ったほうがよいでしょう。

Q
21

なぜ道管が内側で、篩管が外側になっているのか？

中学校の『植物のつくり』の授業で、維管束について学びました。単子葉植物と双子葉植物で維管束の配列に違いはあるものの、道管は内側、篩管は外側というのは共通しています。どうして道管は内側で、篩管は外側なのでしょうか？　また、葉脈でも表側が道管で、裏側が篩管なのはなぜでしょうか？　＊中学生

高等植物（68ページ「コラム４」参照）の維管束は、水の通路である道管を含む木部組織、養分の通路である篩管を含む篩部組織、そして、成長の過程で木部組織と篩部組織をつくり出す形成層からできています。

さて、高等植物の茎ではたしかに、形成層をはさんで内側に木部、外側に篩部が配置されている並立型がもっとも一般的です。並立型が多く見られる理由は、じつのところよく分かっていませんが、茎が太くなること（肥大成長）と関連があることは確かです。

多くの双子葉植物の若い茎では、並立型の維管束が円筒状に等間隔で配置されています。成熟すると、維管束のあいだの組織にも形成層（維管束間形成層）がつくられ、内側から木部、形成層、篩部がリング状に連続した構造になります。そして形成層から連続的に内側に木部、外側に

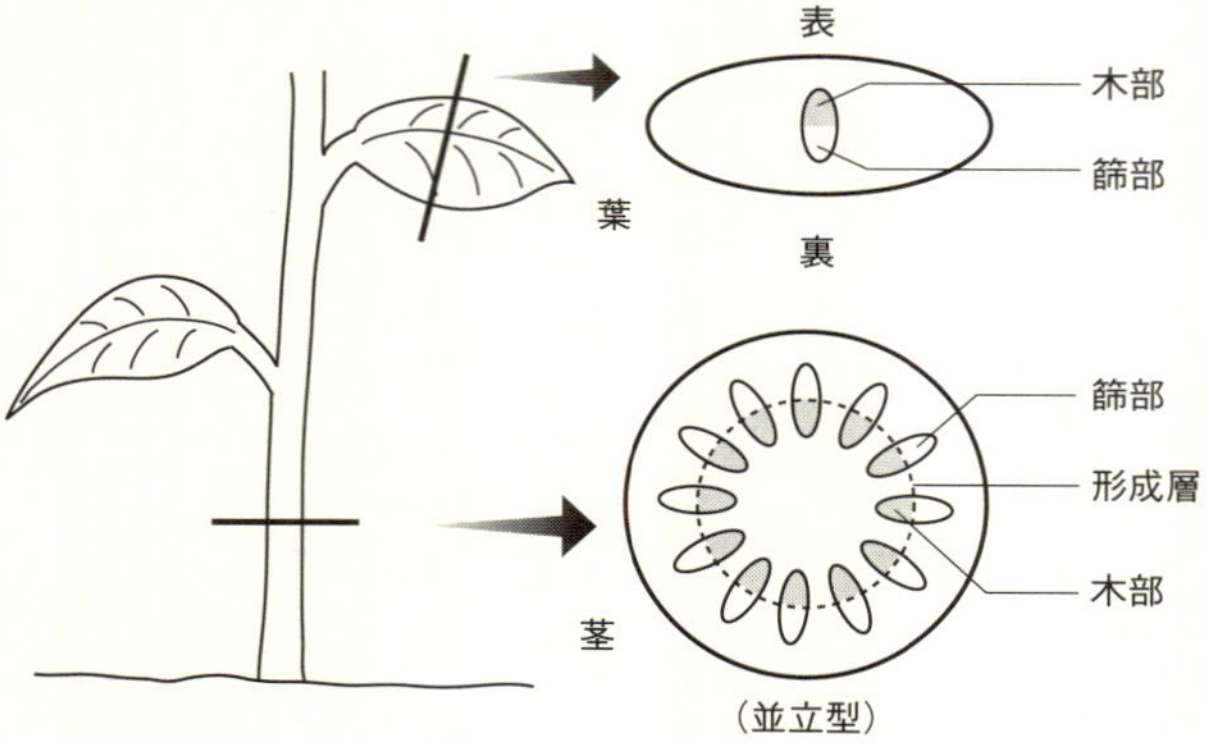

双子葉植物の維管束の配列

篩部がつくられることで茎が太くなっていきます。

道管や木部繊維などの木部の細胞の細胞壁にはリグニンが蓄積して、弾力性のない硬い材となり（木化という：52ページ「コラム3」参照）、成熟すると死細胞になります。もし木部が外側に配置されていると、それがタガをはめるようになって太くなれません。

篩管も古くなると順に死んでいきますが、硬い材にはならないので、外側にあっても肥大成長を妨げません。死んだ篩部は内部から外側に押し出され、乾燥して樹皮表面から剝がれ落ちます。樹皮の外側が薄く剝がれるのはそのためです。ちなみに樹皮の剝がれる模様は樹種に特徴的なものです。

これに対して単子葉植物では、茎の中の維管束の配置が不規則で、維管束間形成層ができません。そのため茎が太くならないとされています。

葉脈は葉の表側が道管（木部）、裏側が篩管（篩部）になっているのは、茎の維管束とのつながりを考えると理解できます。葉脈は茎と葉の接続部（節）から下へ伸びて、茎の維管束とつながっています。したがって葉脈の表側が茎に入ると内側（木部側）になり、葉脈の裏側が茎の外側（篩部側）になるわけです。

コラム5　葉の形には意味がある！　葉が自らを支える仕組み

葉は光合成を効率的に行うとともに軽くするため、扁平な形で、光がよく当たるように葉面を水平あるいは斜めに保たなければなりません。そのためには重力で垂れ下がってしまったり、風圧や強い雨などで裂けたり傷ついたりしないよう、丈夫でなければなりません。それはどのような仕組みなのかを見てみましょう。

一般に、ものの力学的強度を左右するのは形と材質の二つです。

まず形についてです。断面積が大きいほど力学的に強くなりますが、同時に重くなってしまいます。そこで、たとえば板に桟をつけて断面をT字形にすると、あまり重量を増さずに板をたわみにくくできます。じつは葉もそのような構造をしています。またススキなど細長い葉をもつ単子葉植物の多くでは、葉が谷形に曲がって断面がV字形になっていて、下に垂れにくくなっています。

次に材質についてです。植物体は厚壁《こうへき》組織、厚角《こうかく》組織、柔《じゅう》組織など強度の異なる組織で構成されています。各組織はそれぞれ多数の細胞が集まってできていますが、構成する細胞の細胞壁の厚さと成分が異なるため、強度に差があります。

　高等植物（68ページ「コラム4」参照）の細胞壁の主成分はセルロースです。セルロースは繊維状の物質なので、引っ張りに対しては丈夫ですが、押されると簡単に変形します。

　一方、厚壁組織は細胞壁が厚く、成分にセルロースの他にリグニンを含みます。リグニンはセルロースの繊維のあいだを埋め、コンクリートのようにがっちりと細胞壁を固めます。そのため厚壁組織は引っ張りにも圧縮にも強い、植物体の中でもっとも丈夫な組織です。木部などに見られる繊維細胞（繊維状の細長い細胞）や、果実の皮などに含まれる石細胞（石ころのような形をした多面体の細胞）がその例です。

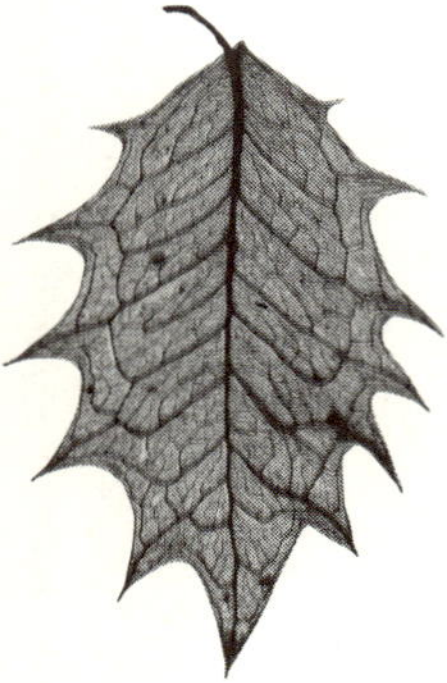

ヒイラギ（モクセイ科）の葉の葉脈

　茎や葉の表皮の下、皮層の外層にある厚角組織も細胞壁が厚く、やはり植物体を支えるうえで重要な組織です。しかし細胞壁にリグニンを含まないため、厚壁組織ほど強くはありません。

　葉の葉肉《ようにく》細胞や茎の中心部の髄などの柔組織は、細胞壁が薄く柔らかい細胞からなる組織で、力学的に軟弱です。ただし細胞が水を吸ってパンパンに膨らめば、膨圧の力で植物体を支えるのに役立っています。水不足で葉がしおれて垂れることからも分かるように、水分が十分ある状態では、柔組織などの細胞の膨圧が葉の支持に役立っています。ただしツバキなど常緑で硬い葉をもつ植物では、水分が不足しても葉が垂れないことが多く、断面の形や細胞壁の強度だけで葉が支持されているといえます。

植物体内には水が通る道管と、光合成によってできた産物（光合成産物）が通る篩管がありま す。何本かの道管と篩管を一つにまとめた束を「維管束」といい、これが葉の中で細かく枝分かれしたのが葉脈です。葉が自らを支えられるのは、この葉脈が補強材になっているからです。

葉の裏側は葉脈に沿って出っ張っていることが多く、その部分の断面がT字形になり、葉がしなりにくくなっています。そして維管束は道管と篩管のほか、厚壁組織も含んでいます。つまり葉の維管束である葉脈は、力学的に高い強度をもっています。

Q 22

なぜ葉は枝に付いていられるのか？　枝はどうしてたくさんの葉を支えられるのか？

どうしてあの細い枝で何枚もの葉を支えていられるのですか？　枝が葉を支えている、というより葉柄が葉を支えているのでしょうか？　あの重たい葉をどうやって支えているのでしょうか？　理由が知りたいです。教えてください！　＊学生

葉の重さに注目された質問者の非凡さには驚かされました。

葉には、薄くてひらひらと風に舞うという軽いイメージがあります。けれども、剪定した庭木のたくさん葉が付いた枝を手にしてみましょう。ずっしりとした重さを実感できるはずです。サトイモの葉のように、大きくて一枚でも十分に重く感じる葉もあります。

植物は光を求めて葉を広げますが、それ自身の重さのために、無制限に枝を伸ばして葉を付けることができません。つまり、光を受けるという生理的な要請と、植物体を支えるという力学的な要請とのバランスによって、植物の形が決まるのです。力学的な要請としては、葉や枝の自重だけでなく、風を受けて生じる力や雨や雪の付着による重量増加にも耐える必要があります。葉や茎は、これらの力学的要請を満たすよう、デザインに工夫を凝らしています。

葉が自らを支える仕組みについては、71ページの「コラム5」を読んでいただくとして、ここでは葉柄が葉を支える仕組み、茎が葉を支える仕組み、樹木が枝を支える仕組みをお話しします。

1．葉柄が葉を支える仕組み

多くの葉では、葉の扁平な部分（葉身）に付いている柄（葉柄）が、葉身に比べ断面の形が縦方向に厚くなることで、曲がりにくくなっています。組織的にも葉柄には柔組織が少なく、維管束や厚角組織、厚壁組織という力学的に強固な組織が主になって、葉を支えています。

葉柄が茎に付着する部分（葉柄基部）は、構造上大きな力がかかります。そのためヤツデ、ナンテンなどの大きな葉では、しばしば葉柄基部が膨らんだり、茎を取り囲んだりして接続部分が補強されています。

葉柄を長くすると、葉身が互いに重ならず、どの葉にも光がよく当たります。しかしテコの原理で葉柄基部の力学的負担が大きくなるので、ふつうはやたらと葉柄を長くできません。たとえばシロイヌナズナは、地際に広がるロゼット葉（Q31参照）には葉柄がありますが、上に伸びた、花が付く茎（花茎）の上の葉には葉柄がありません。ロゼット葉は多数密集しているので、できるだけ葉が重ならないようにする必要があることと、葉のすぐ下の地面が支えてくれることが、葉柄を発達させた理由かもしれません。

2．茎が葉を支える仕組み

草（草本）の場合、茎が一本直立し、そこに葉が付いているのが基本形です。茎への葉の付き方を「葉序《ようじょ》」といい、茎の同じ位置（節）に葉が一枚ずつ付いたり、二枚ずつ付いたりなど、いろいろな形があります。いずれの場合も葉の付き方は対称で、葉が出る方向を平均すると、その重心はつねに茎の中心付近になります。茎から枝が側方へ出る場合も、枝は葉と同じ方向に生ずるので、多数の枝で平均すると、重心はやはり茎の中心付近になります。

また茎の断面の形は多くの場合円形ですが、タンポポの花茎のようにドーナツ型（立体的には中空のパイプ）のこともあります。同じ断面積なら円形よりドーナツ型のほうが、軽くて力学的強度も大きくできます。ただしパイプがつぶれて断面が扁平になると、強度はがくんと低下します。そのためタケなどでは、茎に隔壁（節）が入ってつぶれにくくなっています。

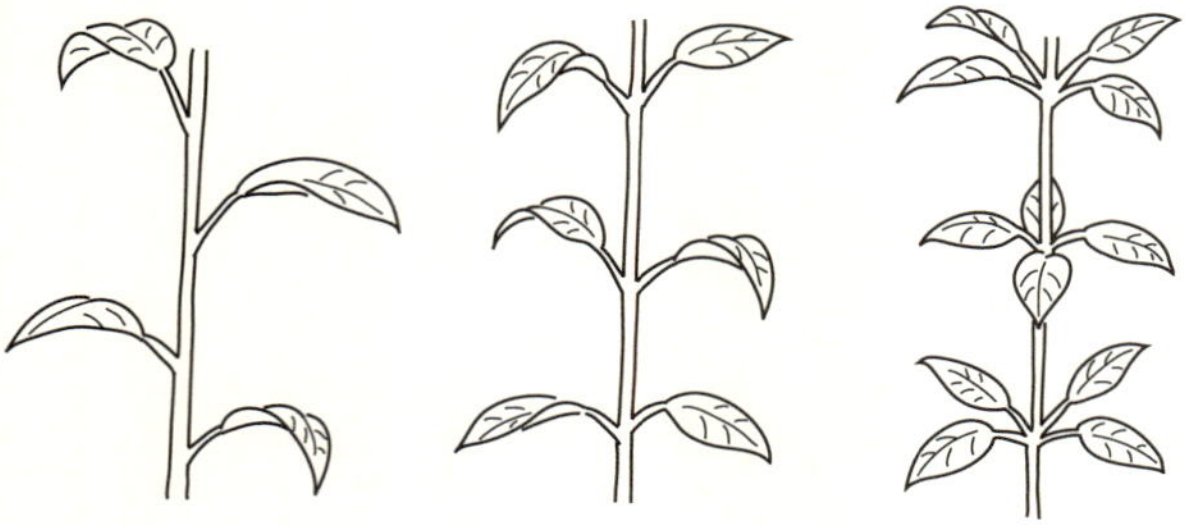

一つの節に葉が1枚付く「互生」､2枚付く「対生」､3枚以上付く「輪生」がある。

葉の付き方

ときに四角形（シソなど）や三角形（シソなど）の茎をもつ植物もあります。同じ断面積なら、円形よりも四角形のほうが強度は少し高くなります。とくに、このような非円形の断面をもつ茎の多くは、もともと円形の断面をもつ茎よりも強く、それにプラスして角張った部分に厚角組織が発達し、補強効果を高めています。

この他、茎が丈夫なのは、葉柄と同じく、維管束や厚角組織、厚壁組織など力学的に強い組織の割合が高いためです。一般に維管束は茎の内側、厚角組織は茎の外周近くに位置します（厚壁組織の位置はいろいろ）。厚角組織は茎が曲げられたとき、外周部分で破断することを防ぎ、維管束や厚壁組織は、茎が垂直方向の荷重でつぶれるのを防いでいるといえるでしょう。

3．樹木が枝を支える仕組み

次に樹木（木本）の場合です。木本植物は毎年、あるいは数年ごとに新たに葉をつくりながら、上や横へと茎を伸ばしていきます。同時に茎の皮の下には、「形成層」とよばれる細胞分裂が盛んな細胞層があって、茎は毎年太くなっていきます。形成層から内側方向につくられた細胞は道管の細胞に変化し、どんどん大きくなる体を内側から支えます。これが木材です。木材は木化（52ページ「コラム3」参照）した細胞を含み、力学的に強靱で、しかも茎で高い割合を占めます。木本の茎を支えているのはもっぱらこの木材組織です。

木本は、草本に比べてはるかに複雑で大きく、重い植物体をつくります。荷重が偏って特定の部分に集中すれば、強靱な木材といえども荷重を支えきれず、破壊されたり木が倒れたりしてしまいます。

そこで、たとえば木の形は全体に対称的でバランスのとれた形になっています。また、木の股（幹の分岐部分）はV字形ではなくU字形になっています。なめらかなカーブを描くほうが、均一に力を分散させ、裂け目が入りにくいのです。あるいは、幹の上部で枝や葉が集中している樹形と、幹全体から枝が出ているような樹形を比較すると、風による幹各部への負荷のパターンが異なり、そのパターンに対応するように、それぞれ幹の太さが分布することも分かっています。

4．最適化の方法

樹木はこのように体の形を最適化することによって、荷重をうまく振り分けて体を支えているのです。では、どのようにして最適化しているのでしょうか。

植物の形が人工の建造物の形と違うのは、いったんつくられた後も変化し続ける点です。何らかの原因で傾いても、梢が逆方向に曲がりながら成長することで、バランスを回復します。また傾いたり曲がったりした木の幹には、「あて材」とよばれる木材組織が発達して補強することが知られています。

荷重に対して太さが不足している部分では木材組織をたくさんつくり、負荷がかからなくなると木材組織をつくる率が低下する、といったフィードバック機構が働いて、結果的に木の形が力学的に最適化されるのかもしれません。

以上、植物の力学特性にかかわる話をしてきましたが、この分野はまだまだ研究の不十分な分野です。実験なしで、理論だけ、あるいは直感的な想像だけで議論が進められている部分もあり、その意味でこの回答も科学的にあやふやと感じられるかもしれません。

とはいえ、最近、植物の力学的側面に関連した分子生物学的な研究が始まっています。たとえば、リグニンを合成する酵素の遺伝子を欠損した突然変異体や、厚壁組織の発達が悪い突然変異体のシロイヌナズナでは、茎の力学的強度が低下し、直立できなくなることが報告されています。つまり、リグニンや厚壁組織が茎を支えるのに必須であることが実証されたといえます。

今後、分子生物学、植物形態学、生態学、工学、あるいはコンピュータ・サイエンスが融合する形で研究が進められる必要があると思います。

Q23 枝垂れ桜や枝垂れ梅などは、なぜ枝垂れるのか？

枝垂《しだ》れ桜や、枝垂れ梅、枝垂れ柳といった枝垂れる植物は、なぜ枝垂れるのですか？　光の方向に茎が曲がるのはオーキシンというホルモンの影響だと聞きましたが、それとは違う理由があるのでしょうか？　他の樹木との違いは何なのでしょう。　＊学生

「なぜ枝垂れるのか」にお答えする前に、ふつうの樹木がなぜ枝垂れないかを説明します。幹を切ると年輪が見えます。年輪の中心は必ずしも中央ではありませんが、おおよそ同心円状に並んでいます。ところがサクラなどの被子植物の枝では、年輪は同心円状ではなく、枝の上側で広く、下側で狭くなっています。つまり枝の上半分が発達して枝を引っ張り上げているので、枝垂れないと考えられています。この上半分の部分の材を「引っ張りあて材」とよんでいます。

では枝垂れる種の枝ではどうかというと、年輪の幅に上半分と下半分で差がありません。引っ張りあて材が発達していないのです。

枝垂れ種の枝の先端の芽（頂芽）に、植物ホルモン（160ページ「コラム11」参照）のジベレリンの溶液を与えると、引っ張りあて材が形成されて枝は枝垂れなくなります。このように、引っ張りあて材の形成にジベレリンのような物質が関係しているらしいのですが、詳しいことは分か

六義園（東京都）の枝垂れ桜

っていません。

また、被子植物と裸子植物では枝を支える仕組みが違います。裸子植物では被子植物とは逆に、枝の下側の年輪の幅が上側より広くなっています。引っ張りあて材がない代わりに、枝の下側に「圧縮あて材」が発達し、枝を下から支えているのです。

ただし裸子植物の枝垂れと圧縮あて材の関係や、圧縮あて材の形成に対する植物ホルモンの影響などについては調べられていないと思います。

Q24 樹木の幹がそばにある異物を巻き込むことがあるが、どのような仕組みで、そのようになるのか？

たまに街中で、木のそばにある金網や標識などが幹に埋まっているのを見かけますが、どういう木に見られる性質でしょうか。また、その仕組みについても教えてください。 ＊学生幹の中に金網や標識などが埋まる現象は、どんな樹木でも起きると思います。木の皮（樹皮）を剝ぐと「形成層」というみずみずしい組織が現れます。この形成層で細胞がつくられて木は太くなっていきます（Q21参照）。

木が成長するとき、まわりに障害物がなければほぼ一様に太くなります。ところが、たとえば横に金網があった場合、金網の枠や針金に接している部分は太れず、その上下（枠や針金に接していない部分）だけが太るので、やがて金網が埋まることになります。これがもっとも単純な場合です。

しかし、中にはこのように単純ではなく、樹木が標識などを完全に巻き込んでいるように見えるものもあります。近場でそのような例を捜してみたところ、コンクリート製の柵に接したスギの幹が、柵を完全に取り巻いて膨らんでいる状態のものを見つけました（写真参照）。

これは、異物に押された刺激によって、押された部分とそのまわりの形成層の働きが活発になり、細胞が異常に増殖したためと考えられます。

柵を完全に取り巻いたスギの幹

写真提供／柴岡弘郎

第4章 落ちる、色付く、呼吸する。葉っぱの謎

Q25

落葉せず、永遠に生きる葉っぱはあるのか？

永遠に落葉しない葉はあるのか、また、落葉する葉と落葉しない葉は何が違うのか教えてください。できるだけ詳しく教えてください。 ＊中学生

一般的に、落葉せず永遠に生きる葉はないといえますが、例外的に長生きの植物もあります。アフリカ西南部のナミブ砂漠に自生する「ウェルウィッチア」という裸子植物で、生涯で葉を二枚しか出さず、それを一生伸ばし続けます。ウェルウィッチアは、数百年から一〇〇〇年近く生き続けるといわれており、その寿命が尽きるまで、短い茎から出した二枚の葉を帯状に伸ばし続けます。ただし分裂組織は葉の基部にあり、先端は枯れてなくなっていくので、植物の寿命が葉組織の寿命というわけではありません。和名はサバクオモトですが、その珍奇な姿形から、日本

では「キソウテンガイ（奇想天外）」ともよばれています。

さて、常緑樹と落葉樹とを比べると、常緑樹の葉の寿命のほうが長いことはいうまでもありません。常緑樹とは「一年中緑に見える木」という意味です。ただし常緑樹の葉も永遠に生きているわけではなく、寿命がきたものから順に落とされ、新たな葉がつくられます。

日本の常緑樹の多くは、葉の寿命が一年以上あるようですが、もちろん例外もあります。たとえばクスノキは、日当たりのよい場所では葉が一年後には半数になってしまいます。この場合、葉の半数は寿命が一年以内ということになります。またマングローブを構成する常緑樹の中にも、葉の寿命が半年程度のものがあります。

ウェルウィッチア

一般的に寿命が長いのは常緑針葉樹で、マツの一種で葉が四〇年以上生きるものがあります。常緑広葉樹の中にも、葉の寿命が数年にわたるものがあります（84ページ「コラム6」参照）。アラカシやアカガシの葉の寿命は、明るい場所だと一年くらいのことが多いのですが、暗い場所だと二〜三年は付いています。

落葉樹も常緑樹も、落葉する前には柄（葉

柄）の付け根に、「離層」とよばれる細胞層が形成されます。離層では細胞壁をとかす酵素が生産されて、細胞同士の接着が弱くなったり、細胞自体が分解されたりします。離層が形成されるときには、植物ホルモン（160ページ「コラム11」参照）の一種のオーキシンが減少し、逆にエチレンが増加することが知られています。またジャスモン酸も離層形成を促進します。

しかし落葉樹の中には、はっきりとした離層をつくらない植物もあります。ブナ科のカシワやコナラ、クスノキ科のヤマコウバシ、マンサク科のシナマンサクなどは、枯れて褐色となった葉を付けたまま越冬します。またヤナギ科のヤマナラシ（ポプラの仲間）も黄白色の葉を春まで付けています。こうして枝に残った葉も、最終的には強風等で引きちぎられるようにして落ちていきます。

これらの植物の祖先は、もともと熱帯域に生息していた常緑性の植物だったので、はっきりとした離層をつくる必要がなかったと考えられます。その性質が保たれたまま温帯域まで分布を広げて、種分化をとげたようです。

コラム6　緯度・高度による常緑樹と落葉樹

Q25でも説明しましたが、「常緑樹」とは一年中緑に見える木、つまり緑の葉がつねにある樹木、「落葉樹」とは葉のない時期がある樹木です。そして幅が広く平たい葉（広葉）を付ける樹木を「広葉樹」、細くて先のとがった葉（針葉）を付ける樹木を「針葉樹」といいます。

日本には常緑広葉樹、落葉広葉樹、常緑針葉樹、落葉針葉樹が混在していますが、これは緯度や標高に依存します。低緯度から高緯度になるにつれて、タブ、シイ、アラカシ、シラカシなどの常緑広葉樹から、次第にブナやミズナラのような落葉広葉樹に移り変わり、やがてカラマツからなる落葉針葉樹が加わり、さらに寒い地域になるとエゾマツ、トドマツなどの常緑針葉樹が出てきます。低地では常緑広葉樹林が見られる地方でも、標高が高くなるにつれて、落葉広葉樹、常緑針葉樹や落葉針葉樹のカラマツが出てきます（本州の山地や北海道ではカラマツの造林も盛んです）。

では、どうしてこのようなパターンができるのでしょうか。

樹木は、葉をつくり維持するのにかかるコストあたりの生産量が最大になるように、葉の寿命を決めているようです。

常緑広葉樹は、冬季も温暖な地域に多く見られます。海岸沿いでは仙台湾の南側や新潟あたりまで分布します。このような地域では、光合成に適した季節が長いので、いったんつくった葉は、光合成の速度がやや低下する頃まで付けておき、古くなった葉から順に落としていきます。そのほうが、季節ごとにいっせいに葉を落とし、新たな葉をつくるよりも効率的だからです。

常緑針葉樹は、北海道など高緯度の地域や、本州の亜高山帯などの寒冷地で多く見られます。このような地域では、光合成に不適当な季節（冬期の低温）が長く続くので、春に付けた葉が秋口までに稼ぐ量が、葉をつくり維持するコストを下回ります。そのため、元がとれるようになる

植生の水平分布

吉岡邦夫 1973 より

までの長い期間、葉を付けて稼がせるということになります。

低緯度の常緑樹と高緯度の常緑樹とでは、このように「常緑」の意味が違うのです。

一方、落葉広葉樹は、おもに本州中部から北海道に分布しています。このような地域では、光合成に不適当な季節があります。葉の光合成による生産量は、気温が低下すると少なくなります。そして、葉では光合成をしないときでも呼吸をしているし、植物体内の水分を蒸発（蒸散）させています。土が凍ると水を吸収できないのに、暖まっている地上部から水が失われると困ります。そのため、秋までは葉に稼がせておいてからいっせいに落葉し、春に新たな葉をつくるほうが効率的になります。

落葉針葉樹のカラマツは、常緑針葉樹に比べると格段に「安上がり」の葉を付けています。カラマツは、崖崩れ跡地などの乾燥する場所に先駆樹種として侵入するストレスに強い種です。富士山などで吹きさらしに立つカラマツの風衝形態や、氷雪のつぶてで傷ついた樹皮を見ると、葉を付けたままではいられないだろう冬の強風の厳しさが感じられます。

Q26 樹木によって紅葉の色調が異なるのはどうしてか？

紅葉現象について二つ質問させていただきます。

1. 真っ赤ではなく、黒ずんだ色の紅葉になる植物がありますが、アントシアニン以外の物質がつくられるのでしょうか。アントシアニンは過剰な光から葉緑体を保護しているということですが、この黒ずんだ物質もやはりそうでしょうか。
2. 黄葉となる植物は、アントシアニンを合成するための遺伝子をもたないか、もっていても働きがオフになっているということでしょうか。 ＊元高校教員

紅葉現象は、おもに落葉樹に見られます。赤色、黄色を中心としていますが、中には、黒ずんだ色（人によっては紫系と感じる）になるものもあります。いろいろな色調が混ざり合って、それぞれの地域の特徴を出しているようです。

一般に紅葉はクロロフィル（葉緑素）、カロテノイド、アントシアニンの三色素の量比によって、その色調が変わると考えられています。クロロフィルは緑色、カロテノイドは赤色から黄色、アントシアニンは赤色から青色、紫色を示します。

二つの質問にお答えする前に、紅葉の仕組みについて説明しておきましょう。

葉にはもともと、クロロフィル（緑）とカロテノイド（赤）が含まれていますが、クロロフィルのほうが多いので、通常、葉は緑色に見えます。クロロフィルは、葉の細胞内の葉緑体の中にあり、太陽光エネルギーを生化学エネルギーに変える働きをしています。葉緑体はその生化学エネルギーを使って光合成をしています。

秋になって気温が下がると、葉緑体の働き（光合成活性）が低下し始めます。光合成活性が低下すると、同じ太陽光の照度でも、強すぎる（光エネルギー過剰）状態になります。過剰の光エネルギーは葉緑体で活性酸素を生ずるように作用し、これが葉緑体の機能をさらに低下させ、クロロフィルを分解するようになります。こうして葉は老化していきます。

葉が老化し始めると、植物は葉を落とすために、柄（葉柄）の付け根（基部）に「離層」とよばれる細胞層をつくります。離層がつくられると、葉と枝を結ぶ通路が遮断され、枝から葉への水の供給はストップするし、葉から枝への養分（糖など）の移動（転流）もできなくなって葉に糖がたまってきます。このような状態になると、アントシアニンがよくつくられるようになります。

アントシアニンが何を合図に合成されるのかはまだ明らかにされていませんが、一般に、太陽光が強いとき（晴天）、氷点にはならない程度の低温、そして軽い水不足が合成（紅葉）を促進します。

では、本題に戻りましょう。まず一つめのご質問、「黒ずんだ色の紅葉になる植物では、アントシアニン以外の物質がつくられるのか」についてですが、答えはノーです。前述の一連の過程で、クロロフィル（緑）の分解が少ない状態でアントシアニン（赤）が合成、蓄積されると、両方の色が混じって黒ずんだ、あるいは紫系の紅葉となるのです。その代表は山ではガマズミ、市街地ではノウゼンカズラや街路樹のナンキンハゼなどがあります。

一方、クロロフィルの分解が多い状態でアントシアニンの合成、蓄積が起きると、葉はアントシアニンの鮮やかな赤色になります。たとえば、カエデ類やヤマウルシ、ハゼノキなどがこれにあたります。

これに対してイチョウやポプラなど葉が黄色（黄葉）になる植物では、アントシアニンの合成は起こりません。秋に葉が黄色になるのは、クロロフィルの分解が進むことで、それまでクロロフィルの緑色に隠されていたカロテノイドの黄色が目立つようになるためです。

一つめのご質問中に「アントシアニンは過剰な光から葉緑体を保護している」と書いてありますが、たしかにアントシアニンは紫外線を吸収するので、過剰な光から葉緑体を保護していると推定できます。シソにはアカジソとアオジソがあります。アントシアニンを多量にもつアカジソは、強い光の下でアオジソよりも長生きすることが知られています。またアメリカハナミズキの紅葉と黄葉を強い光のもとにおくと、紅葉のほうが黄葉よりも光合成機能を長く保つという結果もあります。

次に二つめのご質問ですが、黄葉となる植物では、ご指摘のようにアントシアニンを合成する遺伝子のどれかが欠損しているか、またはその遺伝子をもっていても発現が抑えられていると考えてよいと思います。

アントシアニンの合成には多くの遺伝子が関与しており、どの遺伝子が欠損あるいは発現抑制されるのかは、植物種、生育時期、部位などで違います。秋に黄葉になるからといって、その植物がアントシアニンを合成するための遺伝子をもたないとは限りません。

Q27

クロロフィルは何時間くらいで分解されてしまうのか？

一般的に、植物がもっているクロロフィルは、何時間（何日）くらいで分解され、新しいものに置き換わる（ターンオーバーする）のでしょうか？　＊会社員

クロロフィルの分解については、まだよく理解できていません。葉緑体に関する国際会議でも、いつも話題になりますが、正確な時間はまだ分からないというのが共通した見解です。しかし、ラン藻（シアノバクテリア）という光合成を行う細菌による研究では、かなり信頼できる結果が報告されています（二〇〇五年）。

これによると、クロロフィルの寿命（半減期）はおよそ三〇〇時間です。一方、高等植物（68ページ「コラム４」参照）のクロロフィルに関しては、数日という報告や、もっと短いという報告もあり、いまだに信頼できる値は得られていません。これはラン藻に比べ、クロロフィルを放射能で標識して、その減少からクロロフィルの寿命を推定するラベル実験がむずかしいのが一つの理由です。

ところでQ26でも述べましたが、クロロフィルは葉の細胞内の葉緑体の中にあります。厳密にいうと、クロロフィルはタンパク質に結合した状態（クロロフィルタンパク質）で存在します。

タンパク質に結合していないクロロフィル（遊離のクロロフィル）に光が当たると、活性酸素が生じ、葉緑体にとって危険だからです。

光合成反応のあいだに、クロロフィルタンパク質は傷害を受け、やがて機能ができなくなって分解します。ここでふしぎなことに、クロロフィルタンパク質の半減期は、もっとも短いもので約二時間程度、長いものでもその数倍と計算されています。つまりクロロフィルそのものに比べて、結合しているタンパク質の寿命が極端に短いのです。

ただし、いったんタンパク質から離れたクロロフィルは、新しく合成されたタンパク質に再び組み込まれるので、クロロフィルの働き自体はもっと長続きします。

Q 28 季節に関係なく混じっている赤い葉は紅葉なのか？

ホルトノキは季節に関係なく、つねに少しだけ赤い葉が混じっていますが、これは紅葉でしょうか。紅葉だとしたら、ふつうの紅葉と同じ理屈で起きていると理解してよいのでしょうか。しかし離層の形成にともなって起こるのなら、季節にかかわりなく、しかも樹木全体の一割にも満たない葉だけが紅葉するのは、理解しにくいのですが。もしこれが紅葉でないのなら、いかなる作用によるものなのでしょうか。　＊無職常緑広葉樹での紅葉は、ホルトノキだけでなくクスノキなどにも見られる現象です。常緑広葉樹では、落葉広葉樹のようにいっせいに葉を落とすことはありませんが、古くなった葉から順次落としていくのが特徴です（84ページ「コラム６」参照）。

クスノキの場合、秋の落葉では赤色や橙色、黄色、緑色など統一性は見られませんが、赤色の葉ではアントシアニンという色素が蓄積されています。また春の幼葉も赤くなりますが、こちらにもアントシアニンが蓄積されています。

ホルトノキでは、幼葉はあまり赤くならないようですが、落葉前に赤くなることが観察されています。一般的には、植物の葉が緑色から赤色あるいは黄色に変化することを「紅葉」といいます。また、離層の形成→転流阻害→アントシアニンの合成と蓄積（紅葉）→落葉という現象は共通することから、ホルトノキの赤い葉も紅葉と考えてよいでしょう。

ただし紅葉の誘導は、落葉広葉樹と常緑広葉樹では少し違います。カエデなどの紅葉する落葉広葉樹では、低温や乾燥などの環境ストレスによって葉（葉身）の柄（葉柄）の付け根（基部）に「離層」とよばれる細胞層がいっせいに形成され、養分の移動（転流）ができなくなることで、紅葉が誘導されるとされてきました（Q26参照）。

これに対して常緑広葉樹では、環境ストレスよりも、古い葉の老化が個別に進み、離層の形成を誘導して紅葉すると考えられます。そのためいっせいにではなく、古い葉から順に紅葉が誘導されるのでしょう。

ただし離層形成の誘導に関する研究は、あまり進んでいません。常緑広葉樹での紅葉のメカニズムもまだ不明です。また葉が赤くなる意味についても、いまだに解答が得られていません。

Q 29

気孔の両側にある孔辺細胞は、なぜ葉緑体をもっているのか?

「孔辺《こうへん》細胞は葉緑体をもっていて蒸散を行っている」と高校の教科書に書いてあるのですが、蒸散を行うだけなのにどうして葉緑体をもたせているのですか。柵状《さくじょう》組織や海綿状組織だけでは光合成の量が足りないのか、それとも、単に欲張っているだけなのでしょうか?

＊高校生

たいへんおもしろい質問です。高校の教科書などに当たり前のように書いてあっても、じつはまだよく分からないことがたくさんあります。教科書を鵜呑みにせず、ふしぎだなと思うところからサイエンスが始まるのだと思います。どんどん疑問に思ってください。

ご質問に答える前に、まず葉の構造について簡単に説明しておきます。

葉の表面は、おもに表皮細胞からなる表皮で覆われています。表側の表皮のすぐ内側には、細長い細胞が柵状に並んだ組織（柵状組織）があり、裏側の表皮のすぐ内側には、丸みのある細胞

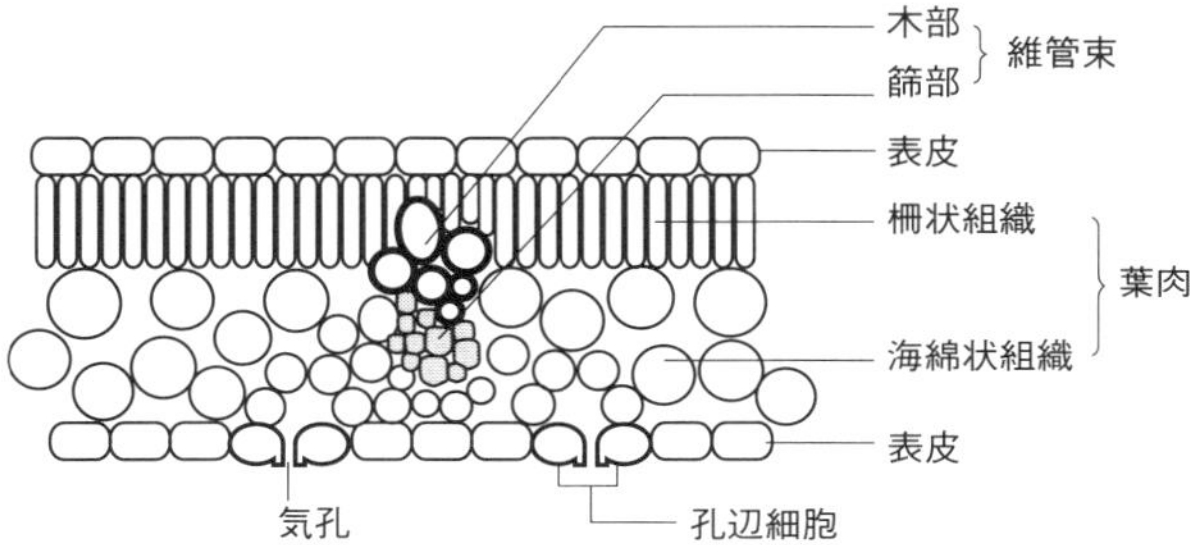

葉の構造（模式図）

が海綿状に配列した組織（海綿状組織）があります。柵状組織と海綿状組織をあわせて「葉肉《ようにく》」といいます。

葉や茎など地上部の表皮には微小な穴があります。その分布は種、部位によって大きく違いますが、葉の表皮にはとくに多く分布します。この穴を「気孔」といいます。植物は気孔を通じて空気中の二酸化炭素を吸収したり、酸素を放出したり、植物体内の水を水蒸気として蒸発（蒸散）させたりしています。

気孔の両側には「孔辺細胞」とよばれる細長い二つの細胞があります。孔辺細胞にカリウムイオンや糖類が取り込まれると、浸透圧が上がり、水が入り込んで細胞全体が膨れるために、気孔は開きます。

では孔辺細胞が膨れると、なぜ気孔は開くのでしょうか。「気孔の両側にある孔辺細胞が膨れたら、両者はより密着してしまうのでは？」と、ふつうは考えられるのではないでしょうか。

ソラマメやツユクサなどの多くの植物では、孔辺細胞の内側（気孔に面した側）の細胞壁は、外側（気孔に面していない側）の細胞壁よりも厚くなっています。外側の細胞壁は薄いのでよく伸びますが、内側の細胞壁は厚いのであまり伸びません。一対の孔辺細胞の中に水が入り込み、膨らもうとする力（膨圧）が高くなると、よく伸びる外側の細胞壁に引っ張られて内側の細胞壁が湾曲するため、両者のあいだにすき間ができる、つまり気孔が開くというわけです。

これに対してイネやトウモロコシなどの孔辺細胞は、ダンベル状で両端が細胞壁の薄い膨らみになっています。中央部分の細胞壁は厚くて伸びにくく、内側も外側も厚さは同じです。水が入ると球状部が膨らむために中央部が開きます。逆に脱水が起こると、孔辺細胞はしぼんで元の形に戻るため、両者のあいだのすき間はなくなり、気孔は閉じます。

さて本題に戻りましょう。葉肉の細胞は葉緑体をもっており、光合成を行っています。一般に葉の表皮細胞には発達した葉緑体は見られず、孔辺細胞だけにあるので、その働きについて気孔開閉の研究者の興味を引いてきました。今でも、その意味が解明されたとは言いがたいのですが、葉肉細胞の葉緑体とは異なる働きをもっていると考えられています。その役割の一端を紹介しましょう。

葉緑体は光エネルギーを利用して、空気中の二酸化炭素と根から吸収した水から、デンプンなどの炭素化合物をつくります（炭素固定）。その際、葉緑体では光エネルギーを使って、炭素固定を進めるのに必要なエネルギー源のアデノシン三リン酸（ＡＴＰ）などもつくっています。

葉肉細胞の葉緑体は、おもに炭素固定を行っているため、つくったＡＴＰはどんどん使われていきます。ところが孔辺細胞の葉緑体は、光合成の炭素固定の働き（炭素固定活性）がたいへん低いためＡＴＰが余ってしまいます。この余ったＡＴＰは、孔辺細胞の葉緑体から細胞質に運び出されて、水素イオン（H^+）を能動輸送するための水素イオンポンプを駆動するエネルギー源として使われています。このポンプの正体は、タンパク質でできた「細胞膜 H^+-ATPase（H^+イオン輸送性ＡＴＰ分解酵素）」とよばれる酵素で、細胞膜上に局在しています。

通常、細胞膜の外側（細胞壁）は正（＋）、内側は負（－）に帯電しており、その電位差（膜電位）は一定に保たれている状態（定常状態）にあります。膜電位が定常状態よりも大きくなることを「過分極」といいます。

孔辺細胞には、青色光を吸収する「フォトトロピン」という光受容体（101ページ「コラム７」参照）があります。孔辺細胞のフォトトロピンが青色光を感知すると、細胞膜 H^+-ATPase は活性化され、ＡＴＰのエネルギーを使って水素イオンを細胞質から細胞壁側へとどんどん輸送し始めます（次ページ図①）。すると、膜電位が過分極し、これに応答して細胞膜上にあるカリウムイオン（K^+）を通すための専用通路（カリウムチャンネル）が開いて、孔辺細胞内にカリウムイオンが取り込まれます（図②）。こうして孔辺細胞にカリウムイオンが取り込まれると、浸透圧が上がり、水が入り込んで膨圧が高まるために気孔が開きます（図③）。

したがって孔辺細胞の葉緑体は、細胞膜 H^+-ATPase を駆動するのに必要なエネルギー源となるＡＴＰを合成するために働いているといえます。

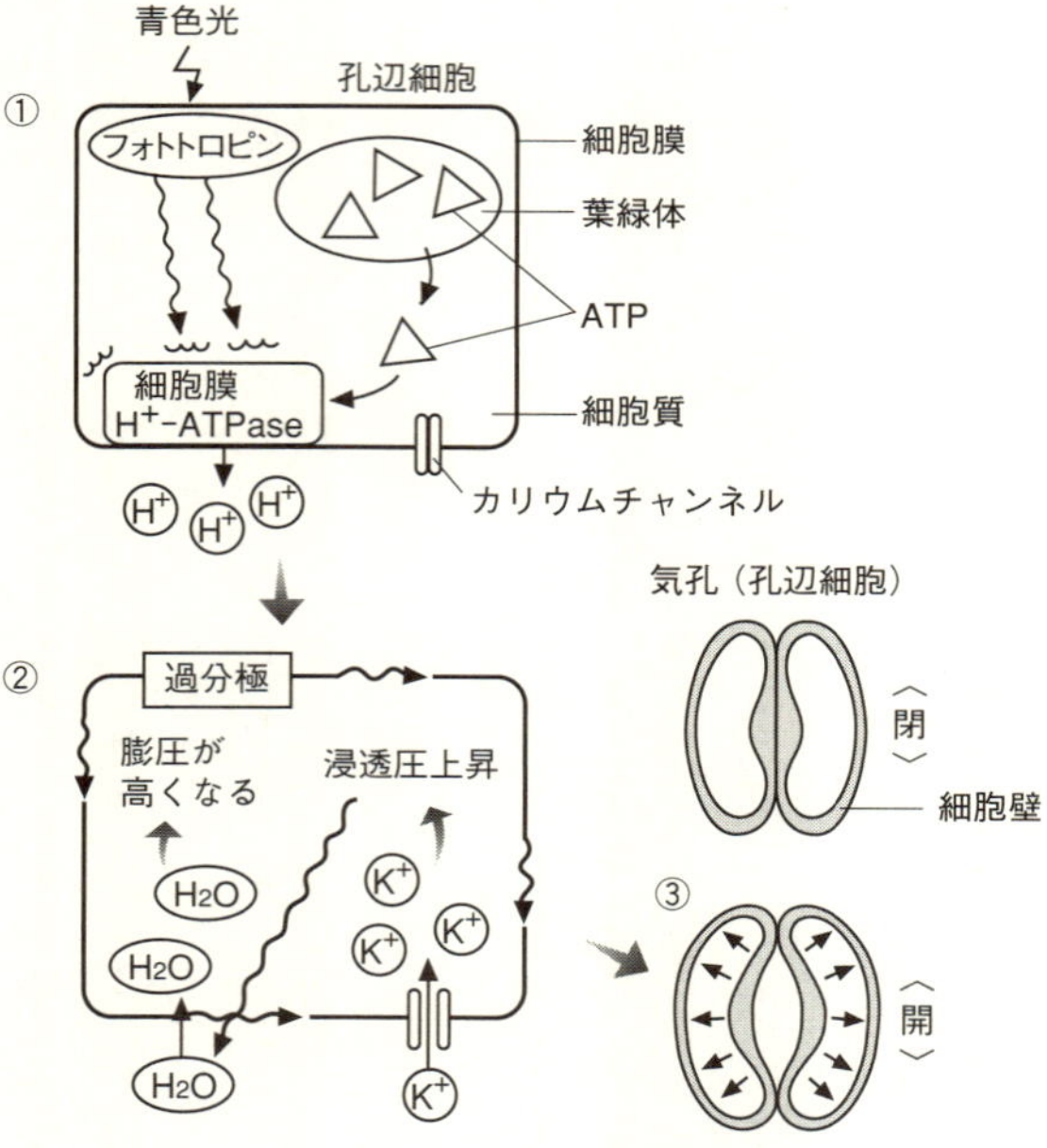

気孔が開く仕組み

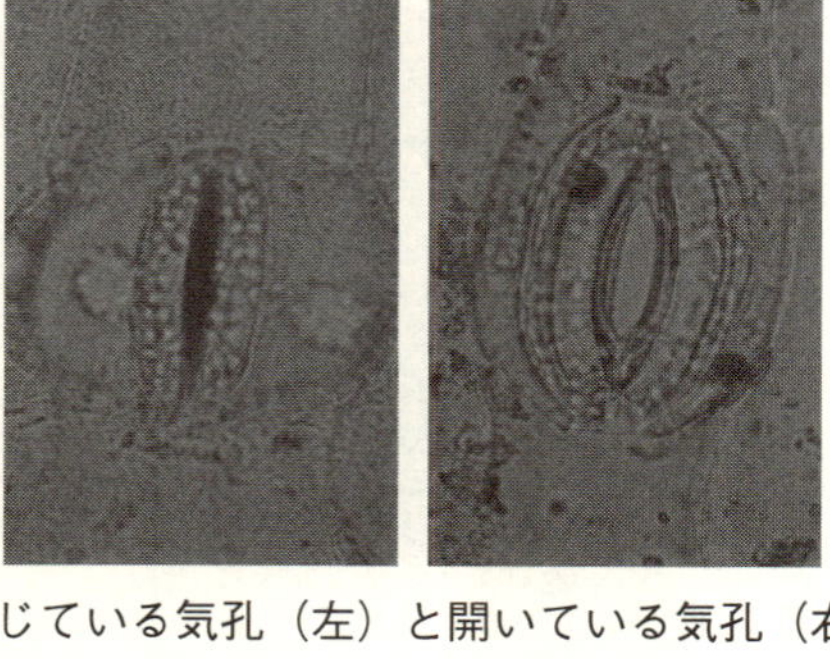

閉じている気孔（左）と開いている気孔（右）

そして孔辺細胞の葉緑体のもう一つの働きは、デンプンをため込むことです。葉肉細胞の葉緑体は、光が当たると光合成を行い、デンプンをため込みます。一方、孔辺細胞の葉緑体は、昼間はむしろデンプンの量が減少して、暗くなると蓄積します。このデンプンはおそらく、葉肉細胞の葉緑体でつくられたものが、夜になって運ばれてきたものと考えられています。夜中にため込んだデンプンは、気孔が開くときに分解されてリンゴ酸を生成し、浸透圧の増加に役立ちます。

このように、孔辺細胞の葉緑体は気孔の開閉と密接にかかわっているようです。

孔辺細胞の葉緑体と葉肉細胞の葉緑体には他にもいろいろ違いがありますが、その意味はまだ分かっていません。一つだけおもしろい例を紹介しましょう。

イチョウは秋になると黄色くなりますが、これは葉のクロロフィルが分解され、クロロフィルの緑色が消えて、残りの色素（カロテノイド）の色が見えているのです（Q26参照）。ところが、この黄色くなったイチョウの葉の孔辺細胞の葉緑体は緑色のままで、光合成を行っています。これは何のためでしょうか。ふしぎですが、まだ答えは得られていません。

Q30 気孔が開くとき、どうやって孔辺細胞内に糖類が取り込まれるのか？

「気孔はカリウムイオンや糖類の取り込みで膨圧が高まると開く」と習いました。「細胞膜エ$^{+}$-ATPaseが活性化される→過分極が起こる→カリウムイオンが細胞内に流れ込む→水が入ってくる→膨圧が高まり気孔が開く」という一連の流れは分かりましたが、糖類はどうやって取り込み、また作用するのかがよく分かりません。　＊学生

気孔開閉の仕組みや、カリウムイオンがどのように孔辺細胞内に取り込まれるのかについてはQ29で詳しく説明しましたので、ご覧ください。じつは、「孔辺細胞内にどうやって糖類が取り込まれるのか」というのは、なかなか鋭い質問です。いまそれが研究者のあいだで問題になっているところです。まだ定説はありませんが、いくつかの状況証拠があります。

気孔開口については、糖類の中でも、おもにショ糖（スクロース）が働くので、それについてお答えします。ショ糖の取り込みには二つのルートがあります。

一つは、孔辺細胞の葉緑体にため込まれたデンプンが、ブドウ糖（グルコース）や麦芽糖（マルトース）に分解されて細胞質に輸送され、そこでショ糖に合成されるルートです。ブドウ糖や麦芽糖からショ糖を合成するのに必要な酵素は、細胞質にあります。

もう一つは、孔辺細胞の細胞壁に存在するショ糖が取り込まれる可能性です。光合成が盛んに行われて、葉にショ糖などがたまってくる午後には、孔辺細胞の細胞壁中のショ糖濃度が上がります。このショ糖が、孔辺細胞の細胞膜にある「ショ糖／H^{+}共輸送体（スクローストランスポーター）」の働きで、細胞質内に水素イオンといっしょに取り込まれるとするものです。

細胞質内へのショ糖の取り込みは、外液のpHが低いほうが促進されます。実際、光などで細胞膜H^+-ATPase（H^+イオン輸送性ATP分解酵素）が活性化され、細胞壁に水素イオンが放出されると、ショ糖の取り込みは大きく促進されます。

このようにして取り込まれたショ糖が浸透圧を上昇させ、細胞内に水が入り込んで膨圧が高まり、気孔が開きます。

コラム7　日陰か日向かを判断する仕組み

生き物が光に反応するには、生き物のからだの中に、光を吸収する物質が必ず存在しなければなりません。その物質のことを「光受容体」といいます。

植物はフォトトロピン、クリプトクロム、フィトクロムという三種類の光受容体をもっています。フォトトロピンとクリプトクロムは青色光を吸収し、フィトクロムは青色光から赤色光、遠赤色光まで吸収します。したがって青色光による反応は、この三種類の光受容体が引き起こす反応の合計で、赤色光による反応はフィトクロム単独による反応と考えてよいでしょう。

フォトトロピンが引き起こす反応の代表は、光屈性（屈光性）と気孔の開閉です。クリプトクロムは、茎の伸長や、花のもとになる芽（花芽）の形成（花をいつ咲かせるか）を制御しています。フィトクロムは、茎の伸長や花芽の形成とともに、発芽も調節しています。

植物は光合成によってエネルギーを得ているため、光の状態（強度、色、明暗の周期など）に非常に敏感です。植物で観察されるあらゆる現象が、光の状態に影響されるといっても過言ではありません。

とくに、フィトクロムだけが吸収することのできる赤色から遠赤色の範囲の光には、他の領域の光にはない特徴があります。

光合成を行う植物には、光合成色素（光合成のための光受容体）であるクロロフィル（葉緑素）が多量に含まれています。クロロフィルは赤色光を吸収し、遠赤色光は吸収しません。そのため植物の葉を透過した光には、遠赤色光が多量に残っています。つまり植物が浴びる光の赤色光と遠赤色光の量比は、植物が太陽光を直接浴びているか、それともまわりの植物の陰になっているかを反映していることになります。

植物はフィトクロムで赤色光と遠赤色光の量比を感じて、遠赤色光が多いと日陰と判断し、その陰から脱するように茎を伸長させて背を高くしようとします。また赤色光が多く日向になっていると判断した場合は、そのまま葉を広げて光合成を効率よく行うようにさせているのです。

Q31 ロゼットという葉の生え方は、植物にとってどんなメリットがあるのか？

ロゼットは植物にとってどういうメリットがあるのでしょうか？「冬はロゼットのまま

で過ごし……」という説明をよく目にするので、気温と関係があるようにも思われます。しかし、タンポポは暖かくなって花が咲いた後もロゼットが存在し続けているし、ロゼットから茎が伸びて別の葉を付ける植物もあります。ですから、もっと別のはっきりした存在理由があるように思えるのですが、具体的な説明に出会ったことがありません。外見以外にロゼットの機能的な特徴はあるのでしょうか。　＊会社員

「ロゼット」とは、短い茎に多数の密集した葉が放射状に広がった形で、バラ（ローズ）の花びら（花弁）の配置と似ていることからよばれているものです。身近な植物では、たとえばタンポポなどのキク科植物やキャベツなどのアブラナ科の植物です。

葉の付き方には、イチハツのように茎の両側に二列に並んでいるものや、シソのように上から見て十字形に四列に並んでいるものなどがあります。しかしロゼット植物は、そのような配置では葉同士の重なりが大きくなってしまうので、葉は茎のまわりに放射状に配置されています。

ロゼット植物も、一生を通じて茎が短いわけではありません。昆虫に受粉を媒介してもらうために花を目立たせたり、風などで種子を遠くに飛ばしたりするためには、花の位置は高いほうが有利なので、花は長く伸ばした茎の先に付けます。

さて、ロゼットにどのようなメリット（利点）があるかですが、急がば回れで、まずはデメリット（欠点）について考えてみましょう。

ロゼット（タンポポ）

植物にとって、光を葉で受けることは必要不可欠です。ところが、ロゼット植物のように茎が短いと葉の展開する位置が低くなり、他の植物の陰に入りやすくなります。これは非常に大きなデメリットです。

ですからロゼット植物が生きていくのに適している場所は、他の植物が生育しにくい環境ということになります。

たとえば河原や砂丘などの石や砂で覆われた荒れ地は、一般的に植物が生育しにくい場所です。こうした過酷な環境では、種子から芽生えて何年ものあいだ、ロゼットの状態で少しずつ成長し、栄養を蓄えた後、茎を伸ばして花を咲かせます（オオマツヨイグサなど）。

また、夏場の石や砂の地表は致死的温度に達するため、たとえばカワラノギクなどは、地表から離れた位置でロゼットをつくり、地面の熱を避けています。

このように他の植物との競争が避けられる環境では、ロゼットのメリットはいくつもあります。

1．エネルギーの節約

まず、茎をつくるためのエネルギーを節約できます。その分を葉に投資して、光合成による生産力を増強したり、根などに栄養を蓄えて、将来子孫を残す際の糧としたりできます。

2．葉温の上昇

気温の低い冬は、一般的に植物が生育しにくい環境です。しかし、タンポポのように葉を地面に張り付かせるように展開していれば、気温が低くても日射で暖まった地面の熱で葉の温度（葉温）が上昇し、光合成が盛んになる効果があると考えられます。

昼間、光合成で獲得したエネルギーの一部は、夜間、呼吸作用により消費されます。しかし冬は温度が低く呼吸作用が小さいので、冬のロゼット植物の生産性はかなり高いという説もあります。競争相手のいない冬のあいだにせっせと稼いで、春、他の植物が育ち始める頃までに花を咲かせて子孫を残す、というのがロゼット植物の生き方の一つといえます。

3．機械的傷害の回避

葉を地面にぴったり張り付けるようにしていると、風で傷つけられにくく、人間の草刈りや動物の食害から免れやすいことも考えられます。

4．葉の凍結防止

ヒマラヤやアフリカなどの高山帯では、体のサイズがメートル単位になる大型のロゼット植物があります（キク科のセネキオ・ケニエンシス、キキョウ科のロベリア・テレキイなど）。こうした環境に生息するロゼット植物は、夜、多数の葉をぴったり閉じて芽のようになったり（夜《や》芽《が》)、ロゼット葉から水分を分泌したりして葉と葉のすき間をふさぐことで、低温の夜間に葉が凍結して傷害を受けるのを防いでいるといわれています。

最後に、ロゼット葉は、光合成の温度特性や気孔の分布・開口特性などで他の葉と違いがあっておかしくない気もします。ただし私の知る範囲では、まだよく分かってはいないようです。

Q32 タケは葉の先端から水を排出するが、どのような仕組みで起こるのか?

タケの葉の先から水が染み出て、水滴となって落ちますが、これはどのような仕組みで起こるのでしょうか? 植物にとってはどのような意味があるのでしょうか。また、このような排水現象は、植物一般でよく見られるものなのでしょうか?　＊編集業

ご質問にあるのは「出液(溢泌《いっぴ》)」とよばれる現象で、とくに、つる植物(たとえばホップの仲間のカナムグラ)、オランダイチゴ、サトイモなどではよく見られます。出液は、蒸散の少ないときでも栄養塩を根から地上部に送り続けるため、あるいは植物体内の過剰な水分を排出するために働いていると考えられていますが、本当の生理的意味はよく分かっていません。

サトイモの葉の水孔から出た溢泌液

植物は根の細胞で、水といっしょに養分（窒素やリンなどの栄養塩）を吸収します。そして呼吸によってつくり出したエネルギーを使って、根の中心柱の中にある細い管（道管）に養分イオンを送り込みます。すると浸透圧が上がるため、土壌の水が植物体内に入り、根圧《こんあつ》によって地上部までやってきます。地上部までやってきた水や、水に溶けている養分は、道管を通してさらに上へと引き上げられ、からだ全体へ輸送されます。

通常、植物はこのようにして根で水と養分を吸収し、葉の表面にある気孔から水分を蒸発（蒸散）させています。根で吸収した水分や養分は、気孔から蒸発する水分に引っ張られて上へ上へと引き上げられ、先端にある葉や芽などに供給されるのです（Q45参照）。

湿度が低い状況なら蒸散によって水分を出すことができますが、湿度が高いと気孔から十分に水分を出すことができません。この余分な水分が、葉の「水孔《すいこう》」とよばれる排水組織から出てくるのです。タケは葉の先端に水孔がありますが、イチゴなどのように、葉の縁の数ヵ所に水孔をもつ植物も多くあります。

溢泌液には貴重なさまざまの栄養塩類が含まれています。そのまま捨ててしまうのはもったいないので、水孔の周辺の細胞には、溢泌液の中から必要な栄養素を植物体内に取り戻す仕組みがあることも分かってきました。

第5章 花も実もある!? 花の謎

Q33

葉を茂らせる成長から花を咲かせる成長への切り換わりに何が作用しているのか？

葉を茂らせる栄養成長から花を付ける生殖成長への切り換わりには、何が作用するのでしょうか？　いつもふしぎに思っています。　＊無職

栄養成長から生殖成長への切り換わり（花成《かせい》）には、さまざまな要因がかかわっています。花成の仕組みについての私たちの理解は、シロイヌナズナというアブラナ科の植物を用いた研究によって、この一〇年あまりでかなり深まりました。その研究で分かってきたことを中心に、おもな要因をあげてみます。

1．温度

植物は、長期間の低温を経験することで、冬の経過を認識しています。秋に発芽して翌春に花

を咲かせる植物では、発芽した後に長期間の低温を経験しないと、他に適当な条件を与えても花成が起こりません。これは冬に花を咲かせてしまうのを防ぐ仕組みと考えられます。

その仕組みとして、発芽してしばらくした植物では、花成を妨げる遺伝子が働いていることが分かってきました。長期間の低温（冬）を経験するあいだに、この遺伝子の働きが徐々に弱まっていき、やがて、再び働くことがない状態になります。この状態になると、適当な条件を与えられれば花成が起きる態勢になります。

以上は長期間の低温と花成の関係ですが、春になってからの温度の高低と花成の関係については、残念ながらまだほとんど分かっていません。温度というのは分かりやすい環境要因ですが、なかなか研究の糸口がつかみにくいのです。

2．日長（昼間の長さ）

植物は、独自の光センサーと体内時計を使って、夜の長さ（昼間の長さ）を計り、季節を判断して、花成の時期を決めています。シロイヌナズナは、夜が短い場合（昼間が長い場合＝長日条件）に花成が早く起こり、夜が長い場合（昼間が短い場合＝短日条件）には花成が遅れます。このような植物を「長日植物」といいます（116ページ「コラム8」参照）。

長日条件では、植物体に備わった光センサーと体内時計の働きによって、COという遺伝子の働きが高まります。CO遺伝子の働きが高まると、次にはそれによってFTという遺伝子が働くようになります。FT遺伝子は花成のスイッチと考えられている遺伝子です。

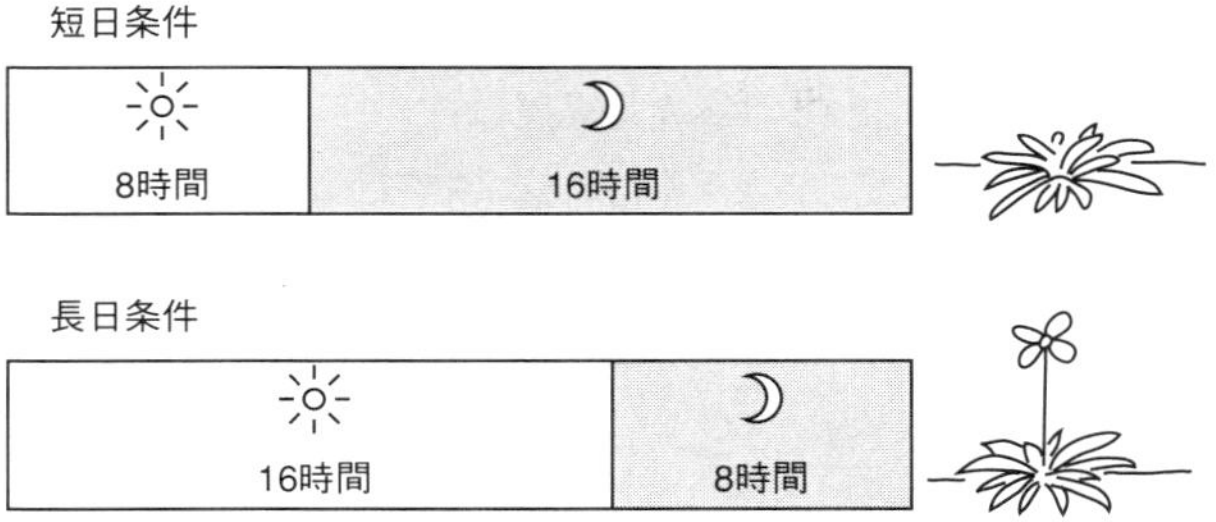

花芽は日長8時間では形成されないが、16時間では形成される。
シロイヌナズナの花芽形成と日長

一方、短日条件ではCO遺伝子の働きが抑えられ、FT遺伝子はなかなか働くことができません。そのため花成が遅れます。

そして、短日条件に花成が早く起こり、長日条件では花成が遅れる植物（短日植物）のイネの場合は、シロイヌナズナとは逆に、短日条件でCO遺伝子とFT遺伝子の働きが高まり、花成が起こります。これは、農林水産省と奈良先端科学技術大学院大学の研究グループが明らかにしたことです。

3．光の質

光の質とは、日光が直接当たっているか、他の植物の陰になっているか（他の植物の葉を通した光が当たっているか）ということです。

葉が緑色に見えるのは、光の赤色の波長をよく吸収し、緑色の波長は反射させたり透過させたりするためです。そこで植物は、自分に当たる光の中の赤色光が少ない場合に、他の植物の陰になっていると認識するようです（101ページ「コラム7」参照）。その場合には、まず背丈を伸ばして他の植物の陰から脱出しようとします。しかしどうしても脱出できない場合、たとえば林床で発芽してしまったような場合は、もっている栄養分を使って速やかに花を咲かせ、種子をつけます。そして種子という形で、日当たりがよくなる機会を待つのです。

つまり、他の植物の葉を通した赤色の成分が少ない光は、花成を早めるのです。このとき植物は赤色光を感じる光センサーの働きによって、FT遺伝子のような花成のスイッチ遺伝子の働きを調節していることが分かってきました。

4．窒素と炭素の割合

窒素肥料を少なめにすることで、植物体内の窒素に対する炭素の比を上げると、花成が促進できることが経験的に知られています。しかし残念ながら、今のところその仕組みはほとんど分かっていません。これからの重要な課題の一つです。

5．植物の齢

シロイヌナズナのような一年生の草本植物ではあまりはっきりしませんが、木本植物では、発芽して数ヵ月から数年は、日長を感じる内面的な条件が整っていないため、適当な環境条件にあっても花を咲かせない期間（幼若期）があります。「モモ、クリ三年カキ八年」というのがこれです。種子が芽を出し、初めて花を咲かせるまでに、モモとクリは三年、カキは八年の歳月を必要とするわけです。

現在のところ、その仕組みはよく分かっていませんが、ポプラや柑橘類などを用いた実験から、FT遺伝子のような花成のスイッチ遺伝子の働きを人為的に高めることで、幼若期を極端に短縮できることが確認されています。

6．花成ホルモン

前述の日長と関連して、花成ホルモン（フロリゲン）の存在が信じられており、高校の生物の教科書や参考書にも登場します。これは次のような実験によって推測できます。

二本の植物を接ぎ木（Q67参照）し、一方の植物の葉だけに適当な日長条件を与えると、他方の植物でも花成が起きます。これは、一方の葉にできたフロリゲンが、他方にも届いたと考えられます。この場合、二つの植物の種が違っても花成は起きるので、フロリゲンは植物に共通する物質のはずです。

また、アサガオの葉を適当な日長条件（一四時間の暗黒＝夜）におき（日長処理）、日長処理終了直後にその葉を切り取ってしまうと、花成は起こりません。ところが日長処理終了の四時間後に葉を切った場合は花成が起こります。つまりフロリゲンは条件終了時点ではまだ葉に止まっており、植物体に行き渡っていないと思われます。

フロリゲンという名前ができてから七〇年近くのあいだ、フロリゲンの正体は謎でした。しかし、二〇〇五年になって、日本、ドイツ、スウェーデンの研究グループの研究から、花成のスイッチ遺伝子であるFT遺伝子からつくられるメッセンジャーRNA（mRNA）、あるいはタンパク質がフロリゲンの正体であると考えられるようになりました。メッセンジャーRNAとは、DNAがもつ遺伝情報を、タンパク質を合成する場であるリボソームに伝達するリボ核酸です。そして二〇〇七年、フロリゲンの正体はFTタンパク質であることが日本とドイツの研究グループによって明らかにされました。

Q34 「狂い咲き」はどのような仕組みで起きるのか?

台風などで冬でもないのに枝から葉がたくさん落ちると、それまで葉から出ていた花芽の分化を抑制するホルモンがなくなり、花芽の分化が始まってしまい、「狂い咲き」といって秋に咲いてしまうと知りました。この花芽の分化を抑制しているホルモンとは何ですか?

＊自営業

花が咲く仕組みにはまだ分からないことがたくさんあります。単純にホルモンがある、ないだけで決まるものではありません。ご質問には「台風などで葉が落ちると、それまで葉から出ていた花芽の分化を抑制するホルモンがなくなり、花芽の分化が始まって秋に咲いてしまう」とありますが、少し勘違いをされているようですね。どのような仕組みで狂い咲きが起きるのか、私たちの周囲に多いサクラを例にとって説明しましょう。

サクラの花芽や葉のもとになる芽（葉芽）は夏に分化し、秋から冬に向かって越冬芽を形成し、成長が停止したままの状態（休眠）に入ります。越冬芽は冬の低温で傷害を受けないように、「芽鱗《がりん》」とよばれる鱗状の小片で堅く守られています。休眠を誘導するのは、葉でつくられる植物ホルモン（160ページ「コラム11」参照）のアブシシン酸で、芽（葉芽・花芽）や種子の胚などの成長を抑制することが知られています。

夏から秋になって日照時間が短くなると、葉はその変化を冬に向かうシグナルとして受け取り、葉でアブシシン酸を多くつくり、葉芽や花芽に輸送します。秋から冬にかけて葉は落ちてしまいますが、葉芽や花芽は休眠状態にあるため成長しません。

サクラの越冬芽の断面

そして冬の低温を経験するあいだにアブシシン酸は減少し、同時に成長を促す植物ホルモンのジベレリンなどの量が増加して、やがて休眠状態が解除されます。春になって気温が上昇し始めると、越冬芽は成長し始め、開花するのです。

いわゆる狂い咲きは、花芽が形成された後に台風などで葉が異常落葉したりしてアブシシン酸の供給がなくなり、しかもその後高い気温が続いたりすると、休眠状態を経ないで成長し、開花してしまうものと考えられます。つまり、狂い咲きは花芽の分化ではなく、花芽の成長と関係したことなのです。

ちなみに花芽の分化には「フロリゲン」とよばれるホルモン様物質がかかわっていることが長いあいだ信じられて、それを追究する研究が行われてきました。二〇〇七年、ようやくその正体はFTタンパク質であることが明らかにされました（Q33参照）。

コラム8
日長を調節して花を咲かせる電照栽培

植物はある時期になると、ふつうに葉を茂らせる状態（栄養成長）から、花を咲かせる状態（生殖成長）に切り換わります。この変化が起きる光や温度などの条件（Q33参照）が植物ごとに決まっているので、毎年同じ時期に、決まった植物が花を咲かせるのです。

温帯の植物の多くは、夜の長さを感じ取って決まった時期に花を咲かせます。このように、生物が日照時間の変化に対して反応する性質を「光周性」といい、日長によって芽（花芽）の分化が制御されることを「光周性花成誘導」といいます。

夜の時間が短く（日照時間が長く）ならなければ花芽を形成しないものを「長日植物」といい、カーネーション、ハツカダイコン、ホウレンソウなどがあります。

その反対に、アサガオ、キク、ポインセチアなど、夜の時間が長く（日照時間が短く）ならないと花芽を形成しないものを「短日植物」といいます。ですから、夜、照明をつける部屋にこれらの鉢植えをおくと花が咲きません。花を咲かせるためには、毎日夕方になったら、照明をつけない部屋に移すなどして、光が当たらないようにする必要があります。

キクでは、この光周性を利用した栽培が行われています。秋菊（秋に開花するキク）は、夜の時間が長くなる（日照時間が短くなる）と花芽ができ、つぼみが膨らんで開花します。そこで秋菊の花芽ができる前に明かりをつけて、人工的に夜の時間を短くすることによって、自然の開花時期よりも遅く咲かせることができるのです。

このように電灯などを照射して、農作物の生育や開花を促進、あるいは抑制する栽培方法を「電照栽培」といい、こうして栽培されたキクは「電照菊」とよばれています。現在では、電照と遮光を組み合わせた日長操作で、一〇月から翌六月頃までの九ヵ月間も、キクの出荷期間を調整することができるようになっています。

Q35 紫色のアサガオが、夕方になると赤色に変わるのはなぜ？

弟が学校から持ち帰ったアサガオで、ふしぎなことがあります。朝、花が咲いたときは紫色だったのに、夕方、しおれたときは花の色が赤色に変わっていました。お父さんに聞いたのですが、答えられませんでした。なぜアサガオの花の色は変わるのですか？　＊小学生アサガオの花びら（花弁）は何層もの細胞からなり、表側と裏側のそれぞれいちばん外側の細胞（着色細胞）には、アントシアニンという色素が含まれた液胞（23ページ「コラム1」参照）があります。液胞内は通常pH五・五くらいの弱酸性ですが、咲くときには液胞内のpHが上がります。アントシアニンはリトマス試験紙のようにpHで色が変わり、強い酸性（pH四よりも小さい）で赤色、弱酸性（pH五付近）で紫色、中性からアルカリ性（pH七よりも大きい）で青色になります。紫色のアサガオがしおれると赤色になるのは、咲いたときよりもpHが下がったためなのです。

液胞のpHを上げるのにはとてもエネルギーを使います。咲くときには着色細胞の液胞内のpHだけが上がり、内側の無色の細胞の中にある液胞のpHは上がりません。それでも夕方、しおれる頃にはエネルギーを使い果たしてしまうためにpHを上げられなくなります。さらに、しおれるということは花びらの細胞が死んでいくことです。細胞が死ぬと、液胞の膜が破れて細胞内の液が混じり合うようになって、pHは全体として下がってしまいます。こうした結果、花びらの色が赤くなるのです（Q84参照）。

私たちは、ソライロセイヨウアサガオという、咲いたときに青色になるアサガオの色の変化を研究していて、こういう仕組みを発見しました。ところが他の色のアサガオでも同じようなことが起きていることも分かってきました。

これからも、いろいろな自然現象をふしぎだなと思う気持ちを大切にしてください。たとえば今度は、紫色のアサガオのつぼみの花びらの色も観察してみてください。咲いた花をつぶして色水をつくるとどんな色になるでしょうか？　さらに、その色水に食酢や重曹水を入れるとどうなるでしょうか？

Q36 葉や花の「斑入り」は、なぜ起こるのか？

葉や花の斑入《ふい》りの発生のしかた、また同一株にもかかわらず、形状や部位が一定しない理由について教えてください。ある程度は調べられるのですが、どうがんばってみてもはっきりした答えが得られないので、元農大生ながら恥ずかしくもありますが……。　＊フリーター

「斑入り」とは、地の色とは異なった色がまだらに混じっていることです。園芸植物や山野草などで斑入りの植物は珍重されています。一言で斑入りといっても、いろいろなパターンがあるのでどのようなものを指すのかあいまいなところもあります。さらに花の斑入り、葉の斑入り、また、単子葉植物と双子葉植物の斑入りでは原因もパターンもさまざまです。ここでは、おもに葉で起こる斑入りを説明します。

植物の斑入りがなぜ起こるかについては、現在でも分かっていないことが多いのですが、一般には次のような原因があげられます。

ネオレゲリア・カロライナエ（パイナップル科）の斑入り葉

1. 遺伝的原因

斑入りの花でもっとも有名なのは絞りアサガオなどの斑入りです。これは「トランスポゾン」という、「動く遺伝子」の作用によって引き起こされることが分かっています。トランスポゾンは、あるＤＮＡ領域から他の領域へ転移できる遺伝子です。たとえば、これが花の色を紫色にする遺伝子に入っていると、遺伝子の働きが抑えられる（不活化される）ため、すべての花弁が白くなります。しかし、もし花弁の発達中にトランスポゾンが別のところに転移すると、不活化されていた遺伝子の働きが回復するため、その部分だけが紫色になります。

このように、色素の合成に関係する遺伝子のどれかにトランスポゾンが転移すると、その遺伝子の発現に影響を及ぼし、その影響を受けた部分のみが斑入りになります。トランスポゾンが原因となる葉の斑入りは、トウモロコシ、イネなどで報告があります。葉や花の斑入り以外にも、種子の色や草丈がトランスポゾンによって変わる例もあります。

トランスポゾンは多くの植物に存在しますが、そのほとんどが転移性を失っており、トウモロコシ、イネ、ペチュニア、キンギョソウなどで転移性トランスポゾンが見つかっています。

また、細胞質ゲノムの突然変異による葉の斑入り、という例も知られています。

植物細胞では、細胞質にある葉緑体とミトコンドリアにもＤＮＡが存在します（123ページ「コラム９」参照）。一つの細胞の中にはたくさんの葉緑体とミトコンドリアがあるので、通常一個や二個の葉緑体ＤＮＡに突然変異があっても、たくさんある正常な葉緑体ＤＮＡの働きにマスクされて、変異した形質は出てきません。

ところが多数の葉緑体やミトコンドリアのＤＮＡに突然変異が生じると、細胞分裂を繰り返すあいだに、変異した葉緑体やミトコンドリアだけをもつ細胞群ができることがあります。こうして、その変異した細胞群からできている部分が白くなる、という斑入りの例が知られています。

葉緑体ＤＮＡは母親からだけ次の世代に伝わるため、変異した葉緑体ＤＮＡによる斑入りは母性遺伝をします。

ただし、園芸植物などに見られる葉の斑入りもこのような仕組みで起こるのかは、まだよく分かっていません。

２．生理的原因

葉の斑入りの場合は、１．の例の他に葉緑体の発達にかかわる遺伝子が欠損して起こる現象も多く知られています。この場合は、トランスポゾンと違って変異した遺伝子は働きが回復しないので、すべての細胞が何らかの生理的変化を起こします。その生理的変化が細胞ごとに異なる影

ウイルス病で花が斑入りになったチューリップ

響を与える結果、葉の一部の細胞群では葉緑体が発達せずに白くなり、一部の細胞群は葉緑体が発達して緑色になります。

原因となる遺伝子はさまざまで、一般に光合成の機能に関係する遺伝子といわれています。なぜ局部的に葉緑体の発達が異常になって斑入りになるかは、よく分かっていません。

環境に対して植物が生理的に反応することで起こる斑入りもあります。たとえば強い光で育てると、葉が斑入りになることがあります。葉の本体（葉身）の細胞には、強い光に対して弱いところと強いところがあります。弱いところの葉緑体が光傷害を受けると、そこが白くなるため斑入りになるのです。またウイルスなどの感染によって、組織に病斑をつくることもあります。

3．発生的原因

遺伝学や育種学の教科書に書かれている葉の斑入りの型として、たとえば「周縁キメラ」という例があります。葉をつくるもとの細胞（茎頂分裂組織）の特定の細胞層で色素の形成や葉緑体の分化がおかしくなると、その結果として葉の周縁部だけが白い斑入りとなる例です。この他にも縦に縞状になるもの、定期的な横縞ができる斑入りもあります。

このように、斑入りによっては一定のパターンを示すので、発生学的な原因も考えられますが、どうして葉緑体が発達の途中で異常になり、斑入りを生じるのかは分かっていません。

コラム9　葉緑体とミトコンドリアの誕生

植物の細胞内には、核膜に包まれた核があり、その中には、遺伝子の本体であるDNA（Q18参照）が含まれています。細胞内の核以外の部分は「細胞質」とよばれています。

このように、核膜によって核と細胞質とが明確に区切られている細胞（真核細胞）からなる生物を「真核生物」といいます。植物の他、ヒトを含む動物とカビ類などが真核生物に分類されます。真核生物以外の生物を「原核生物」といい、大腸菌や乳酸菌などの細菌類、ラン藻類（シアノバクテリア）が含まれます。これらは細胞内にDNAをもっていますが、これを包む核膜はありません。

さて、葉緑体とミトコンドリアは二重の膜で囲まれた細胞小器官（オルガネラ）で、どちらも独自のDNAをもっています。その起源についてはまとめて論じられることが多いので、ここでもまとめて扱います。これらの細胞小器官がなぜDNAをもっているのか、また、どのようにして誕生したのかについては、大きく分けて二つの説がありました。

一つは膜分化説です。細胞の中で膜が分化・発達していくときに、膜と結合していた核のDN

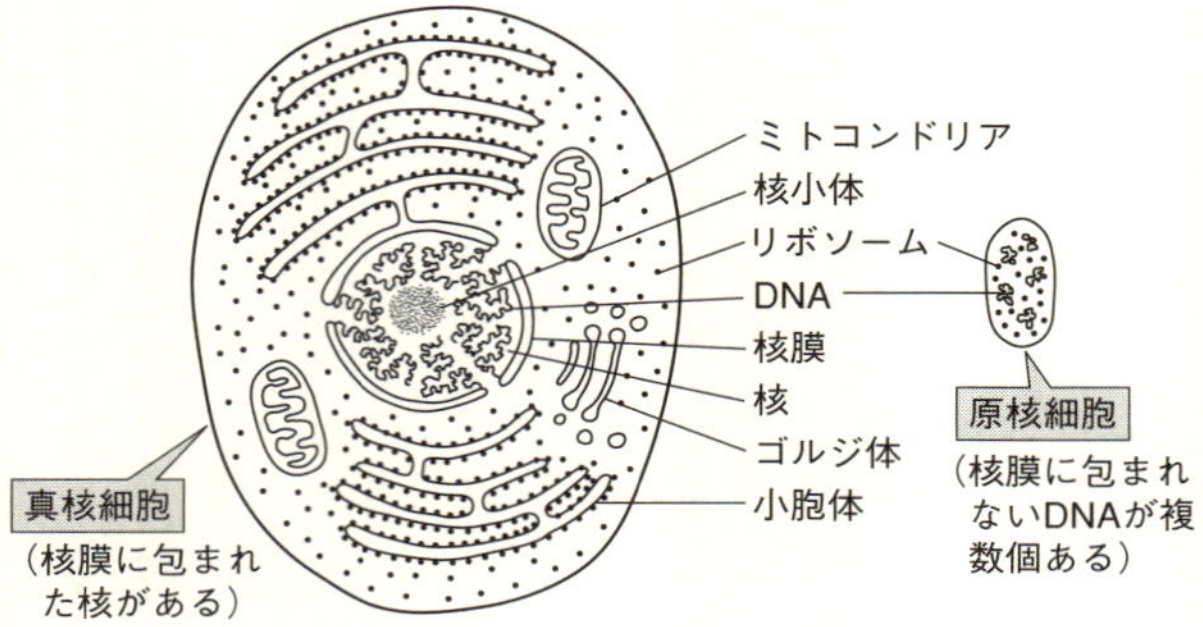

真核生物と原核生物の細胞

Aが部分的に切断・分離し、これが膜に包み込まれて細胞小器官になったという説です。

もう一つは共生説。葉緑体はシアノバクテリアが、ミトコンドリアは好気性細菌が、それぞれ原始的な真核生物に入り込んで細胞内共生しているうちに、独自に生きる能力を失い、細胞小器官になったという説です。

一九七〇年に、アメリカの女性生物学者リン・マーギュリスは共生説を支持する多くの知見を整理し、「Origin of Eukaryotic Cells」（『細胞の共生進化』永井進訳　学会出版センター）を発表し一躍注目を集めました。現在では共生説を支持する多くのデータがそろっており、膜分化説を支持する研究者はほとんどいなくなっています。

共生説の根拠としては、以下のようなことがあげられます。

1．形や機能が似ている

とくに灰色藻の葉緑体は、一昔前まで、それが細胞内に共生していると見なされていたほど、シアノバクテリアによく似ています。

2．現生の生物での細胞内共生の実例

現生の昆虫類一三〇万種のうち、少なくとも一〇%以上の種で、細胞内に微生物がいます。

マメ科植物の根の細胞内には、「窒素固定菌（根粒菌《こんりゅうきん》）」とよばれるバクテリアが入り込んで共生し、小さなこぶ（根粒）をつくります。根粒菌は空気中の窒素を吸収して窒素化合物をつくり、植物に供給しています。

ゾウリムシの細胞内に藻類が共生した「ミドリゾウリムシ」という生き物もいます。さらに、培養していたアメーバにバクテリアが感染し、最初は毒性を示したが、感染後五年で細胞内共生関係に入った、という例が観察されています。

3．バクテリアに類似した遺伝情報発現システム

陸上植物の葉緑体やミトコンドリアのDNAはバクテリアのDNAと同じく、一本のDNAの両端がくっついた輪ゴムのような状態の分子（二本鎖環状分子）で、核膜に包まれていません。

そして葉緑体やミトコンドリアは、自らがもつDNAをもとにタンパク質を合成します。タンパク質をつくるときには、まずDNAからメッセンジャーRNA（mRNA）に必要な遺伝情報をコピーします（転写）。mRNAに転写された遺伝情報をもとに、リボソームでタンパク質を合成します（翻訳）。このような遺伝情報の発現にかかわる転写や翻訳の仕組み（たとえばmRNAの構造やリボソームの構造、性質など）もバクテリアに類似しているのです。

4．分子系統解析の結果

分子系統解析は、DNAの塩基の並び方（塩基配列）を多くの生物で比較し、進化の過程を推測する方法です。リボソームは複数のRNA（リボソームRNA＝略してrRNA）とタンパク質から構成されています。そこで、さまざまな生物間でDNAの中にコードされているrRNAの遺伝子の塩基配列を比較した結果、生物は大きく真核生物、真正細菌、古細菌の三グループあることが分かりました。

・真核生物：冒頭で紹介した真核細胞からなる生物。

・真正細菌：原核生物に含まれる一群の生物。細胞壁に、細胞の形態や強度を保持するための物質（ペプチドグリカン）を含むのが特徴。シアノバクテリアや大腸菌、乳酸菌など、いわゆる細菌の多くはこれに含まれます。

・古細菌：原核生物に含まれる一群の生物。細胞膜が特殊な脂質（エーテル型脂質）でできているのが構造上の大きな特徴。塩田や塩湖に生育する好塩菌や、動物の腸内に存在するメタン菌など、特殊な環境下で生育する生物であることも大きな特徴です。

この系統解析によって、葉緑体とミトコンドリアのrRNAは、真核生物ではなく真正細菌のグループに含まれることが分かりました。

こうした結果から、葉緑体とミトコンドリアのDNAは「真核生物の細胞内で、核のDNAから分かれてできた」というよりも、「それぞれ別の真正細菌によって、真核生物の細胞内に持ち込まれた」と理解するのが自然だと考えられるのです。

Q 37

萼片の枚数が決まっていない植物があるが、なぜ枚数が一定しないのか？

花びらに見える部分は萼。
リュウキンカ（キンポウゲ科）

キンポウゲ科などは花びら（花弁）がなく、花びらに見えるのは萼《がく》ですよね。この萼は、自生種では隣同士の株でも枚数が違っていることがあります。図鑑などにも一定でないものが多く載っています。

たとえば、萼が保護と誘引の両方の役割をしている種のほうが、枚数が一定しないのでしょうか。「変化しやすい種」と「変化しにくい種」があるのでしょうか。環境や遺伝的な要素が働いて変化が起こるものなのでしょうか？　＊主婦

ご質問にあるように、キンポウゲ科のリュウキンカやイチゲの類、オウレン属などは、花弁があるべき場所に花弁状のものがないか、あるいは蜜腺《みっせん》になっていて、その代わりに萼（萼片）が花弁状に色付いていることが多いですね。ただ、同じキンポウゲ科でも、フクジュソウやキンポ

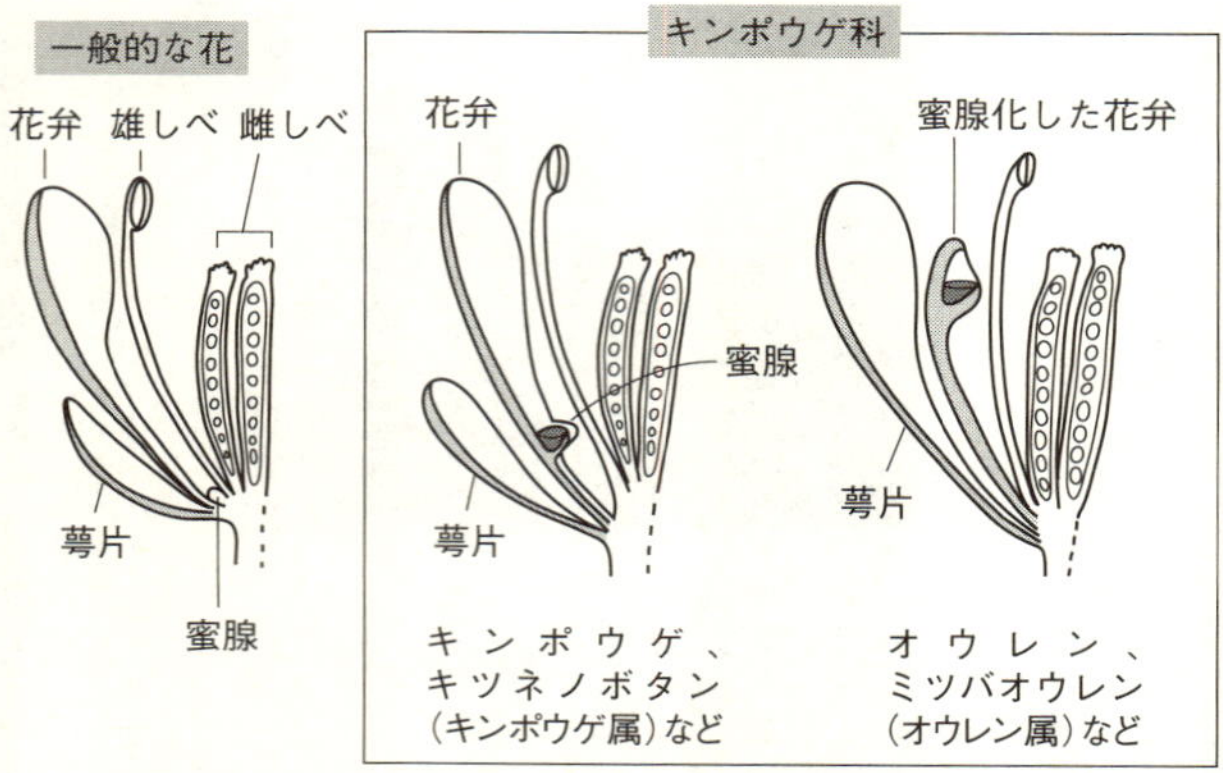

一般的な花とキンポウゲ科の花器官の違い（模式図）

ウゲなどは、しかるべき場所に花弁をもっています。このグループは、花弁の性質が多様な科にあたります。

さて萼片や花弁の数の問題を考えてみましょう。花器官は葉を基本形とした器官と推定されています。葉はもともと茎のまわりに螺旋状に並ぶ器官です。こうした葉と茎の集合体を「シュート」といい、花はシュートが特殊化したものです。

比較的原始的な性質をもつ植物は、萼片や花弁などの花器官が、螺旋状に並ぶ性質を残していることが多く、またその数が厳密には決まっていないことが多いものです。キンポウゲ科だけでなく、たとえばモクレン科もそうです。花弁も雄しべも、雌しべすら数が一定しません。

一方、花としての特殊化が進んだ植物、たとえばアサガオなら、萼片は五枚、花弁も五枚と決まった数、しかも螺旋状ではなくそれぞれが同心円状に並んでいます。花がもっとも特殊化したグループの一つであるラン科の花の場合も、萼片が三枚、花弁が三枚、それぞれ同心円状に並んでいます。花は、キンポウゲやモクレンのようなタイプから、こういう厳密な形に特殊化する傾向があったと考えられています。

そこで、一本の枝に付く葉の数を考えてみましょう。ご存じのように、葉の数は植物の栄養状態や個性（遺伝的違い）によって、同じではありません。モクレン科やキンポウゲ科の一部のような花の場合は、花器官が螺旋状に付く性質を残しています。つまり葉としての性質を残している、あるいはシュートの性質を残しているために、数が一定しないとお考えいただければよいかとも思います。

いずれにしましても、こうした植物ごとの個性は、遺伝的に決まっているものと考えることができます。萼片の数が正確に決まっている植物の場合は、そのように厳密なプログラムとして遺伝子が書き込まれていて、数がふらつく植物の場合は、許容範囲が広いように遺伝子が書き込まれているわけです。そして、そういう場合は、環境に応じて必要な遺伝子の働きが調節され、その結果、萼片の数が決まるという次第です。

Q38

花が葉になることがあるようだが、どうしてそうなるのか？

昔、学研の『サイエンスエコー』という中学生向けの雑誌で、天狗巣病《てんぐすびょう》（の一種）が紹介されていました。病原体がマイコプラズマで昆虫に媒介されること、症状として「花が葉になる」ことなどを記憶しています。バラとキンギョソウが、花の形をかなり保ったまま、花弁が緑になった写真がとても印象に残っています。これはどういう仕組みなのでしょうか？

雑誌では「花弁と葉はもともと同じもの」と説明されていましたが、葉のようになる理由までは書いてありませんでした。大人になってから、植物病理学の教科書で調べてみたのですが、天狗巣病の項目に症状の一つとして「花弁が緑化する」と書いてあるだけで、機構は分からずじまいです。長年の疑問を解決していただけるとうれしいです。＊法人職員

天狗巣病については、残念ながら、詳しい原因は分かっていないというのが現状のようです。お尋ねのように、マイコプラズマ様微生物（ファイトプラズマ）の感染により引き起こされる症状として、植物の黄化や萎縮、花器官の葉状化（フィロディー）、一部の枝が異常に多く分岐して鳥の巣状になる天狗巣などが知られています。以下、関連する事項も含めて少しご説明します。

アスターでは、通常、花といっている部分（頭状花序《とうじょうかじょ》）の中央が、葉を付けた枝に転換する「貫き抜け」という症状も知られています。アジサイの場合「青色や紫色の花びら（花弁）のように見える器官（萼片）が、緑色の葉状になる品種」として珍重されていたものが、じつは、フ

ァイトプラズマの感染によるものであることが分かっているそうです。

花が葉のようになる葉状化の原因として考えられることは、萼片なら萼片、花弁なら花弁に、それぞれの器官らしい性質を獲得させる働きのある遺伝子の機能が、ファイトプラズマの感染により乱されることです。葉状化が起こった花で、そのような遺伝子を調べれば興味深いと思いますが、私はそのような報告例を知りません。

ファイトプラズマの一種については、二〇〇四年、東京大学の難波《なんば》成任《しげとう》先生のグループがゲノムの全塩基配列を明らかにしました。今後、ファイトプラズマが花器官の葉状化を引き起こす機構を明らかにする手がかりが得られるかもしれません。

ちなみにこのような遺伝子はすでに多数知られており、シロイヌナズナというアブラナ科の植物では、突然変異によってそのような遺伝子のうち三種類の働きを同時に欠損させると、萼片、花弁、雄しべ、雌しべがすべて葉のような器官に変わってしまうことが明らかになっています。

植物に感染する微生物の中には、ファイトプラズマとは逆に、葉を花のように変えるものもあります。

ある種のさび病菌（カビの仲間）は、アブラナ科のヤマハタザオ属の植物に感染します。ヤマハタザオ属はロゼット植物（Ｑ31参照）で、通常、花を咲かせる状態になるまでは茎を伸ばしません。しかし、さび病菌に感染すると花を咲かせる状態にならなくても茎を伸ばし、茎の上に黄色の葉の集まりをつくります。この葉と茎の集合体（シュート）は、まったく異なるキンポウゲ科キンポウゲ属の花に似ており、甘いにおいがするばかりか糖分の含有量も多く、チョウのような昆虫を引き付けるということです。さび病菌は、こうした昆虫の力を借りて、離れた植物の上にいる仲間の菌とのあいだで配偶子（生殖細胞）のやりとりをしていると考えられています。

コラム10　チューリップの花が開閉する仕組み

春先になるとチューリップが咲きますが、花は毎日、開閉を繰り返しています。昼間、開いている花は夕方には閉じて、翌朝の一〇時頃にはまた開いています。

チューリップを日の当たらない場所に飾っておくと、春先はまだ寒いので夕方には閉じてしまいます。ところが照明をつけず、暖房しておくと夜でも開きます。これはチューリップの花の開閉に光は関係せず、温度がかかわっていることを示しています。

チューリップの茎を花から約一〇㎝下のところで切り、水を入れた容器に挿します。これを冷蔵庫（真っ暗で五度Cくらい）に入れ一時間もすると、花は完全に閉じます。閉じた花を、今度は真っ暗な暖かいところ（二〇度Cくらい）へ移すと、一時間ほどで完全に開きます。

このようにチューリップには、光とは関係なく二〇度Cくらいで開き、五度Cくらいで閉じる仕組みが備わっているのです。

温度が上がると花弁内側の細胞の成長が、外側の細胞よりも大きくなるため、花弁が開きます。温度が下がると、逆に花弁外側の細胞の成長が、内側の細胞よりも大きくなるために花弁が閉じることが分かっています。このように早い成長が起こるときには、細胞にたくさんの水が送り込まれることが必要です。

温度が上がって花が開くとき、花弁の下三分の一ほどに水が茎を通して送り込まれます。花が開いているあいだ、花弁の水は蒸散作用で失われ続けますが、茎から水がどんどん送り込まれて膨圧を保っています。しかし温度が下がって花が閉じるときには、花弁の細胞に送り込まれた水は三時間ほどでなくなります。このとき、送り込まれた水は茎に戻されるのではなく、茎からの水の流入が大幅に低下するのに蒸散がまだしばらく続くため、空気中へ放出されるのです。

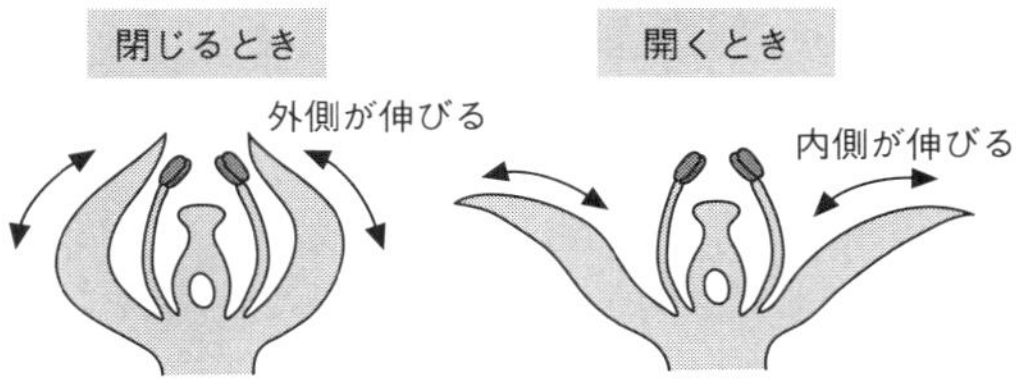

チューリップの花の開閉

『クイズ植物入門』(ブルーバックス)より

このような細胞への水の出入りのために、「アクアポリン」とよばれるタンパク質で構成された特別な通路（水チャンネル）が細胞膜に用意されています。水チャンネルが開く（活性化する）場合にはリン酸基がアクアポリンに導入されて、水が通過できる構造へと変化します。アクアポリンからリン酸基が取り除かれると、水チャンネルが閉じて水が通過できなくなります。

チューリップの花では、温度が上がってくるとアクアポリンにリン酸基が導入されて、水チャンネルが活性化され、花弁への水の移動が始まります。温度が下がってくると、アクアポリンからリン酸基を切り離す酵素が働いて、水チャンネルが閉じて水の移動が少なくなります。

しかし花弁基部の内側と外側とで細胞の形やアクアポリンの働きに違いがあるかどうかなど、まだ解決されていない問題があります。さらに、水チャンネルが開いても、実際に水が移動するためには細胞内の浸透圧が変わる必要があり、そのためにイオンやその他の物質の移動も大切な仕組みになっています。

第6章 植物たちの自給自足生活の謎

Q39

光合成で放出される酸素の量は、植物によって異なるのか？

私は農業資材販売会社の者です。施設園芸（ハウス栽培）内は、閉ざされた空間ということもあり、屋外よりもわずかに酸素濃度が高いのではないかと思います。そこで、その酸素を有効利用したいと考えています。

ハウス栽培する野菜、果樹、花などの違いによって、光合成による酸素生成量に違いはあるのでしょうか？　また違いがあるとするなら、どのような植物で酸素生成量が豊富なのでしょうか？　糖度が高い植物ほど糖の合成に光合成を必要とするため、酸素生成力も高いと思うのですが、どうでしょうか。　＊会社員

光合成の際、吸収される二酸化炭素と放出される酸素の比は、植物の発育段階や栄養条件によ

って若干変動しますが、ほとんどの場合、その体積比（または分子数比）は一対一で、それから大きく変化することはありません。ですから、光合成の働き（光合成活性）が高い植物ほどより多くの酸素を放出します。

一般的に、果樹を含む樹木、花、観葉植物などは葉面積あたりの光合成活性が低いので、酸素生成量も少ないでしょう。一方、トウモロコシやイネなどの作物や雑草は葉面積あたりの光合成活性が高いので、酸素生成量も多いと考えられます。

「糖度が高い植物ほど酸素生成力が高いのではないか」とのご質問ですが、必ずしもそうとは限りません。光合成でつくられたデンプンなどの炭水化物は、糖以外にもさまざまな物質に変化するので、糖度は光合成活性の目安にはならないのです。

かなり大雑把な言い方になりますが、生育が速い植物ほど光合成活性が高く、酸素生成量が多いと考えてよいでしょう。花の中でもヒマワリは生育が速いので、光合成活性が高いかもしれませんね。

Q40 樹木が一日に放出する酸素量と二酸化炭素量の差はどれくらいか？

植物は光合成で二酸化炭素を取り込んで酸素を放出しているだけでなく、ヒトと同じように、酸素を吸って二酸化炭素を放出する「呼吸」もしているそうですね。では、光のある昼間だけしか行わない光合成による酸素放出量と、呼吸による一日の二酸化炭素放出量は相殺しないのでしょうか？　たとえば、一般に見られる常緑広葉樹の場合、酸素放出量と二酸化炭素放出量は、どのような比になるのでしょうか？　＊会社員

酸素量と二酸化炭素量を体積（または分子数）で表現した場合、「樹木が一日に放出する酸素量と二酸化炭素量の差」とは、一日の総光合成量と総呼吸量との差であるといえます。総光合成量とは、光合成によって吸収する二酸化炭素の全量（＝放出する酸素の全量）であり、総呼吸量とは、呼吸によって放出する二酸化炭素の全量（＝吸収する酸素の全量）のことです。

総光合成量が総呼吸量を上回っていれば、稼いだ分は樹木の成長に使われます。ですから新しい葉を出したり、枝を伸ばしたりしている木では、総光合成量が総呼吸量を上回っていると見ることができます。一方、乾燥や低温、病気などのストレスを受けている木では、総光合成量は総呼吸量に相殺されたり、マイナスになったりする場合もあります。

たとえば大隅半島の照葉樹林での測定例では、一年の総光合成量を一〇〇とすると、一年の総呼吸量は七二程度（『植物生態学講座(3)　群落の機能と生産』p. 251　朝倉書店）となるので、この差に相当する分だけ二酸化炭素吸収量（酸素放出量）が上回っています。

Q 41

C_3植物、C_4植物とは何か？

光合成の反応形式がC_3とかC_4とかいいますが、これはどういう意味ですか？　＊高校生

光合成反応では、光エネルギーを利用し、葉の表面にある気孔から吸収した二酸化炭素（CO_2）を固定して、最終的にはデンプンなどの有機化合物がつくられます。C_3とかC_4というのは、最初に二酸化炭素を固定したときつくられる有機化合物の炭素数の違いを表すものです。最初に炭素数三個の有機化合物（C_3化合物）をつくるのがC_3光合成、炭素数四個のC_4化合物をつくるのがC_4光合成です。C_3光合成を行う植物はC_3植物、C_4光合成を行う植物はC_4植物といいます。

光合成における炭素固定の基本的な形式はC_3光合成で、トウモロコシやサトウキビなど一部の植物がC_4光合成を行います。C_4光合成では、最終的な炭素固定反応の前に、二酸化炭素を濃縮する反応があります。

またC_3植物とC_4植物では、葉の構造が少し違います。C_3植物では、表皮の内側に葉緑体をもつ葉肉細胞が表皮に沿って配列しています。一方、維管束のまわりを取り囲む維管束鞘細胞は、それほど発達しておらず、葉緑体をもちません。これに対してC_4植物は、維管束鞘細胞がよく発達していて葉緑体をもつのが特徴です。この維管束鞘細胞のさらに外側を、葉肉細胞が放射状に取

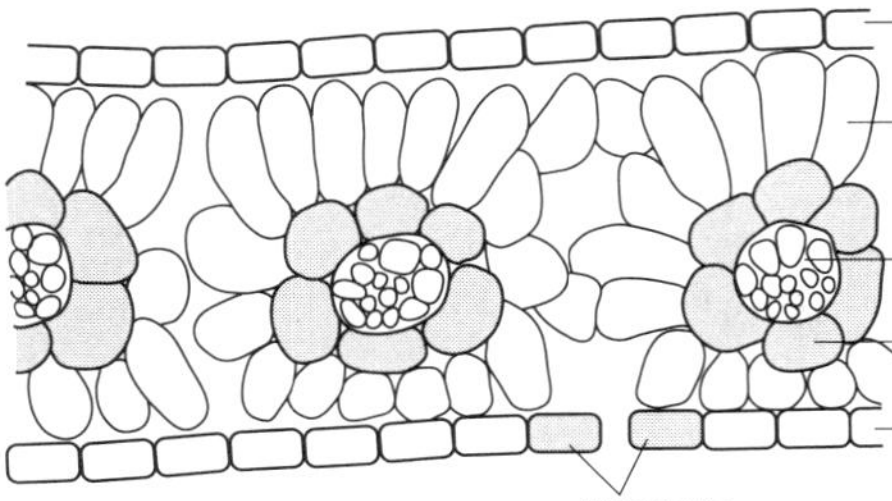

C_4植物の葉の構造（模式図）

り巻いています。

C_3植物の炭素固定反応は、まず、空気中の二酸化炭素を炭素数五個の化合物に結合させて、炭素数六個の化合物をつくります。しかしこの化合物はすぐに二つに切断されて、二分子のC_3化合物ができます。この反応は葉肉細胞の中の葉緑体で起こり、反応を触媒するのは「ルビスコ（Rubisco：リブロースビスリン酸カルボキシラーゼ／オキシゲナーゼ）」とよばれる酵素です。

一方、C_4植物の炭素固定反応は少々複雑です。C_4光合成の炭素固定反応は、維管束鞘細胞を取り巻く葉肉細胞で始まります。葉肉細胞では、取り込んだ二酸化炭素を重炭酸イオンに変えてから、C_3化合物に結合させてC_4化合物をつくります。この反応は葉肉細胞の中の細胞質で起こり、触媒酵素は「PEPC（ホスホエノールピルビン酸カルボキシラーゼ）」とよばれる酵素です。しかし、この反応はあくまでも二酸化炭素の「仮固定」です。

つくられたC_4化合物は隣の維管束鞘細胞に運ばれ、そこで

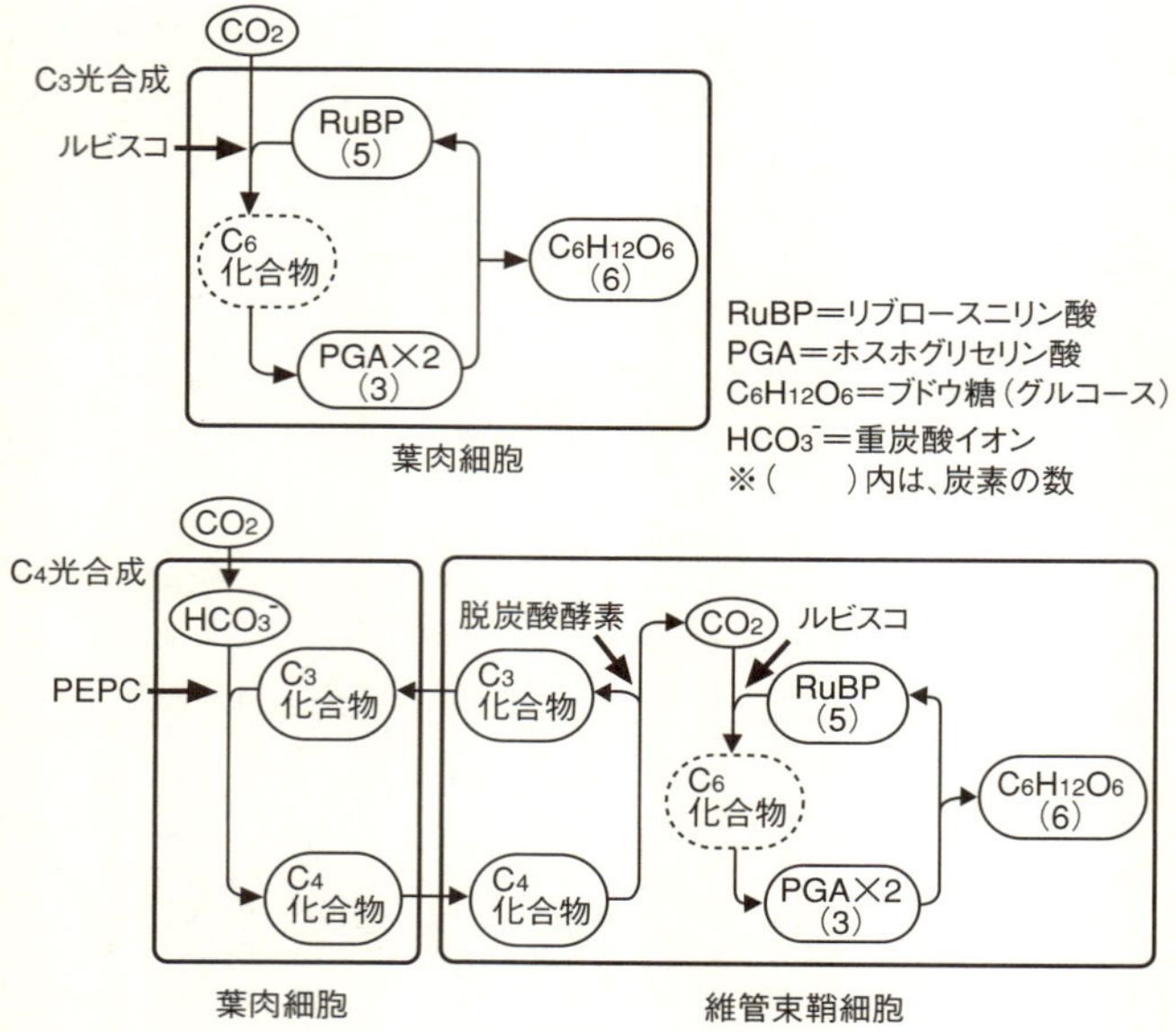

C_3 光合成（上）と C_4 光合成（下）

待ち構える脱炭酸酵素の働きで、いったん結合した二酸化炭素を放出します。二酸化炭素を放出した残りの部分（C_3化合物）は葉肉細胞に送り返され、そこで再び二酸化炭素と結合する受け皿として使われます。

このような反応が繰り返されることで、大量の二酸化炭素が維管束鞘細胞に運び込まれ、細胞内の二酸化炭素濃度はとても高くなります。維管束鞘細胞の中の葉緑体にはルビスコがあって、高い二酸化炭素濃度の下で効率よく炭素固定反応を進めます。

すなわち、C_4光合成では、C_3光合成と同じ反応を維管束鞘細胞の葉緑体が行っており、葉肉細胞はひたすら維管束鞘細胞の中に二酸化炭素を送り込むポンプの役割をしているのです。

では、二酸化炭素の濃度を高めることにどのような意味があるのでしょうか。じつはルビスコには大きな欠点があります。

一つは、反応速度がもともと遅く、しかも二酸化炭素の濃度が低くなると、さらに遅くなってしまうこと。もう一つは、二酸化炭素の代わりに、間違えて酸素を結合する反応をしてしまうことです。二酸化炭素の濃度が低く、酸素濃度が高くなると間違える確率が高くなります。間違えて酸素を結合する反応をしてしまうと、デンプンなどの炭素化合物の合成量が減るだけではなく、毒性のあるグリコール酸ができてしまうので、その後始末をするのにもたいへんなエネルギーが必要となります。

しかし二酸化炭素の濃度が高いと、ルビスコのこうした欠点が現れず、二酸化炭素の固定を効率よく進めることができるのです。

ところで、C_4植物は、強い光を十分に利用でき、高温や乾燥にも強いと考えられています。実際にC_4植物は強光、高温、乾燥にさらされる地域に多く見られます。その仕組みを簡単に説明しましょう。

1．強い光に対して

C_3植物の場合、強い光の下では光のエネルギーが十分にあっても、ルビスコのまわりの二酸化炭素濃度が低いので、光の強さに見合うだけの速度で二酸化炭素を固定することができません。結果として、光の強さのわりには二酸化炭素固定反応の速度を速くすることができません。

これに対してC_4植物では、二酸化炭素濃縮の仕組みがあるため、ルビスコ周囲の二酸化炭素濃度が高く保たれます。その結果、ルビスコは光が強ければ強いだけ、そのエネルギーを利用して速い速度で二酸化炭素固定反応を行うことができるのです。

2．高温に対して

ルビスコが間違えて酸素を結合する反応を触媒してしまう確率は、温度が上昇するほど高くなる傾向があります。C_4植物では二酸化炭素の濃度が高く保たれており、高温でもルビスコの反応の間違いが起こらないようになっています。

3．乾燥に対して

光合成で利用される二酸化炭素は、葉の表面に開いている気孔を通して外気から補充されます。しかし気孔が開いていると、植物体の水分が気孔からどんどん蒸発し、失われてしまいます。乾燥した気候では、気孔を閉じぎみにして水分の損失を抑えますが、そうすると二酸化炭素の補充も困難になります。こうしてC_3植物では、ルビスコによる炭素固定反応の速度が大きく落ち込んでしまいます。

一方、C_4植物では、水分損失を抑えるために気孔を閉じぎみにした結果、葉内の二酸化炭素濃度が低下したとしても、ＰＥＰＣが葉の中の二酸化炭素をかき集めて維管束鞘細胞に送り込むことができます。そのおかげでルビスコのまわりは二酸化炭素濃度が高く保たれ、炭素固定反応を効率よく進めることができるのです。

Q42 光合成によってつくられた物質は、どのような形で葉に貯蔵されるのか？

同化産物の葉における貯蔵形態について教えてください。　＊学生

貯蔵という観点から見る場合、光合成によってつくられた物質（同化産物）は、一次同化産物と貯蔵型同化産物に分けて考える必要があります。

一次同化産物とは、光合成によって最終的につくられた物質（ショ糖、デンプン）のことです。このときつくられたデンプンを「同化デンプン」といいます。

貯蔵型同化産物とは、一次同化産物がショ糖（スクロース）に変換された後、根や茎、果実などの貯蔵器官に運ばれて、そこで合成された貯蔵物質（デンプンその他の多糖類、タンパク質、脂質など）のことです。このときつくられたデンプンは「貯蔵デンプン」とよばれます。

しかしご質問は「葉における」と限定されているので、一次同化産物の貯蔵形態についてお答えします。

葉の葉緑体内で行われる光合成で二酸化炭素が固定（炭素固定）され、三炭糖リン酸（トリオースリン酸＝炭素数三個の糖にリン酸が結合したもの）が生産されます。生産された三炭糖リン酸は、この後二つの経路をたどります。

第一の経路は、葉緑体から細胞質側へ送り出され、そこでショ糖へ変換された後、葉自身も含めた各組織の細胞へ運ばれます。

第二の経路は、葉緑体内で三炭糖リン酸二分子が結合して六炭糖リン酸（炭素数六個の糖にリン酸が結合したもの）となり、さらに同化デンプンへと変換されます。そして、たくさん合成された同化デンプンは集まって粒（デンプン粒）となり、葉緑体内に蓄積します。教科書などに載っている葉緑体の電子顕微鏡写真に白い大きなかたまりがいくつか見られますが、これが葉緑体内の同化デンプン粒です。

葉に蓄えられている同化産物は、葉緑体内で合成・蓄積されるデンプンが主体で、このデンプンを多くためる葉を「デンプン葉」といいます。しかし、葉のデンプン貯蔵は一時的なもので、夜間などに光合成の働き（光合成活性）が低下すると、三炭糖リン酸に分解されて細胞質に送り出され、そこでショ糖に変換されてから、各組織に輸送されます。

ちなみにササ、ネギ、ホウレンソウなどのように、葉にデンプンではなくショ糖をためるものもあります。このような葉を「糖葉《とうよう》」といいます。もちろん、細胞内の浸透圧が限界を超えない程度の蓄積量です。

では、三炭糖リン酸は二つの経路へどのように配分されるのでしょうか。

昼間は光合成が盛んなので、三炭糖リン酸が大量に合成されます。その大部分を第一経路に送ると、ショ糖に変換される速さが他の部位に運ばれる速さを上回るので、光合成を行う細胞内にショ糖が異常にたまります。すると浸透圧が高くなって具合の悪いことになります。そこで第二経路が働いて、葉緑体内にデンプンを蓄積します。デンプンは不溶性ですから、いくら蓄積しても細胞の浸透圧には影響を与えません。

第一経路を調節する一つの要因は、細胞質中の無機リン酸の濃度です。三炭糖リン酸の葉緑体外への移動は、細胞質中の無機リン酸の葉緑体内への取り込みとの交換反応なので、細胞質中の無機リン酸濃度によって、三炭糖リン酸の排出の速さが調節されます。実際、葉に光を当てると細胞質中の無機リン酸濃度が減り、同化デンプンの合成が起こることが知られています。

細胞質中の無機リン酸が足りなくなると、それまで液胞（23ページ「コラム1」参照）にためられていた無機リン酸が細胞質に供給されると考えられます。そして、たとえば肥料としての無機リン酸が不足しているなど、液胞から細胞質への供給が十分でないときは、細胞質中の無機リン酸濃度が下がり、結果として第二経路であるデンプンの合成が進むと考えられます。

第一、第二経路配分の調節には、この他にもたくさんの要因が働いており、たいへん複雑な仕組みになっています。

Q43 デンプンの合成とショ糖の合成は、なぜ同時に起こらないのか？

日本植物生理学会HPの質問コーナーの回答（二〇〇五年五月、神戸大学・三橋尚登先生）の中に「昼間、光合成を行うことによって葉の細胞にある葉緑体の中で合成されたデンプンは、夜のあいだに分解されて糖になる」とあり、私もそのように理解していました。しかし以下のような質問を生徒から受けました。

1. デンプン（同化デンプン）が合成されたら、なぜ、すぐショ糖にならないのか（なぜ、夜のあいだなのか）。

2. たとえば一週間程度、ずっと明期にしていた場合、その葉でつくられた同化デンプンはどうなるのか。＊高校教員

まず、1. の質問に対する回答です。

同化デンプンとショ糖（スクロース）では、両者の役割がかなり違っています。基本的に植物は、同じ場所で両者を同時に合成しないような仕組みをもっています。

デンプンとショ糖の大きな違いは、水に溶けるかどうかです。デンプンはブドウ糖（グルコース）の重合体（ポリマー）で、水に溶けにくい。一方、ショ糖はブドウ糖と果糖（フラクトー

ス）の結合体で、水に溶けます。水溶性のブドウ糖は浸透圧を高め、植物にとってストレスになるので、水に溶けない（浸透圧を高めない）デンプンの形で貯蔵するのだと考えられます。デンプン合成とショ糖合成に関係する酵素群には、共通の制御物質が拮抗して作用します。つまり、デンプン合成が活発になると、ショ糖合成は抑えられるのです。三炭糖リン酸（トリオースリン酸）と無機リン酸などがこのような物質と考えられています（Ｑ42参照）。

このような制御物質の濃度が、昼間と夜間で変動すること（光や概日リズムなどによると思われます）、あるいはデンプンやショ糖の合成量によっても変動することにより、両者の合成が同時に起こらないようになっているのです。またデンプン合成は葉緑体で、ショ糖合成は細胞質で起こる、というように合成場所を区別することでもうまくバランスを保っています。

したがって、昼間、葉緑体でデンプンが合成されている際には、通常、細胞質でのショ糖合成は抑えられていることになります。それには、先ほど述べたように、急激な浸透圧上昇を防ぐなどの意味があると思われます。また夜間に合成されるショ糖の多くは、他の器官に転流されるので、緑葉自体にはそれほど多くはたまらないことになります。

次に、２．の質問に対する回答です。

これまでの明快な回答からトーンダウンすることになりますが、ずっと明期にしておいた場合でも、同化デンプンはある程度ショ糖などの糖に分解（変換）されます。たとえばオオムギなどでは、昼間でも葉の中に多量のショ糖を貯蔵しています。

おそらく、デンプンとショ糖の存在量のバランス（存在比）を保っているのでしょう。明期と暗期がリズムよく繰り返されれば、その存在比はメリハリよく変動しますが、明期が連続する場合には、ある存在比を絶えず保つように働くと予想できます。植物にとっては、当然メリハリのある変動のほうがよいわけです。実際、私たちの実験室でも、光を当て続けると、植物はストレスに対する感受性が高くなります。

やはり、「自然の状態に近い環境で植物を育てるのがいちばんよい」ということになりますね。

Q44 篩管にはポンプや弁がないのに、どうやってショ糖を輸送しているのか？

植物の物質輸送の仕組みとして道管と篩管がありますが、篩管のショ糖の輸送機構を教えてください。ポンプや弁の働きをする構造がないのに、なぜ必要な場所へ同化産物を輸送することができるのでしょうか？

＊高校生物講師

動物では心臓などの循環系によってブドウ糖が各器官や細胞へと輸送されます。植物ではショ糖が篩管によって分配されますが、ご指摘のように心臓に相当するポンプがありません。篩管を通って物質が長距離移動する駆動力としては、圧流説が広く支持されているので、それについて説明しましょう。

篩管は、縦長の細胞（篩要素）が束になっていて、それが縦に積み重なった構造体です。縦につながった細胞のあいだは、多数の孔があいた篩《ふるい》状の構造物（篩板《しばん》）で仕切られています。また、一つの篩要素には必ず対をなす細胞（伴細胞）があり、実際にはこの二つの細胞が一体（篩要素‐伴細胞複合体）となって働いています。

光合成で生産されたショ糖は、まず篩管内に積み込まれます。光合成でショ糖などの光合成産物をつくり出す細胞や器官を「ソース」といい、光合成産物を利用したり蓄積したりする細胞や器官のことを「シンク」といいます。活発に光合成をしている葉が典型的なソース器官、種子やイモができるところが典型的なシンク器官です。

このソースとシンクの内圧の差によって、篩管内を溶液が流れると考えられています。つまりソース付近の篩管ではショ糖が積み込まれるので糖濃度が高まり、その浸透圧で水が篩管内に流入し、篩管内の圧力が高まります。一方、シンク付近ではショ糖の積み下ろしが起きるので、結果として篩管内の圧力が低下します。これによってショ糖がソースからシンクへと流れるのです。

道管での輸送は葉での水分蒸散を駆動力とするので（Q32、Q45参照）、下から上への一方向だけですが、篩管では、シンクとソースの上下位置が逆になれば、逆方向に輸送することも可能となります。たとえば葉から種子へのショ糖の流れは上方向ですが、葉からイモへのショ糖の流れは下方向になります。

次にショ糖の篩管への積み込みについて説明しましょう。

通常、篩管内のショ糖濃度は、その周辺のソース細胞のショ糖濃度の一〇倍程度あります。ソース器官はこの濃度勾配に逆らって、ショ糖を篩管に積み込まなくてはなりません。そのためには「ショ糖／H^+共輸送体（スクローストランスポーター）」という特殊な輸送タンパク質が必要です。この輸送タンパク質は、篩要素-伴細胞複合体の細胞膜に局在していて、細胞外にあるショ糖一分子を水素イオン（H^+）といっしょに篩要素内に輸送します。水素イオンの濃度は、篩要素-伴細胞複合体の外液のほうが高くなっているので、その濃度勾配を駆動力としてショ糖の能動輸送が行われているのです。

このような、篩要素-伴細胞複合体の内と外の水素イオンの濃度勾配を維持するために、複合体細胞内では、アデノシン三リン酸（ATP）を分解するときに得られるエネルギーを利用して、水素イオンを細胞外へ能動輸送（排出）しています。この水素イオンを排出しているのは、ショ糖／H^+共輸送体とは別の輸送タンパク質（細胞膜 H^+-ATPase・Q29参照）です。

一方、シンクにおけるショ糖の積み下ろしは、篩管のほうがシンク細胞よりショ糖濃度が高くなっているので、比較的簡単に細胞間を移動すると考えられます。

すなわち篩管を通るショ糖の輸送は、「ソースにおける篩管への能動輸送」と「篩管内でのソ

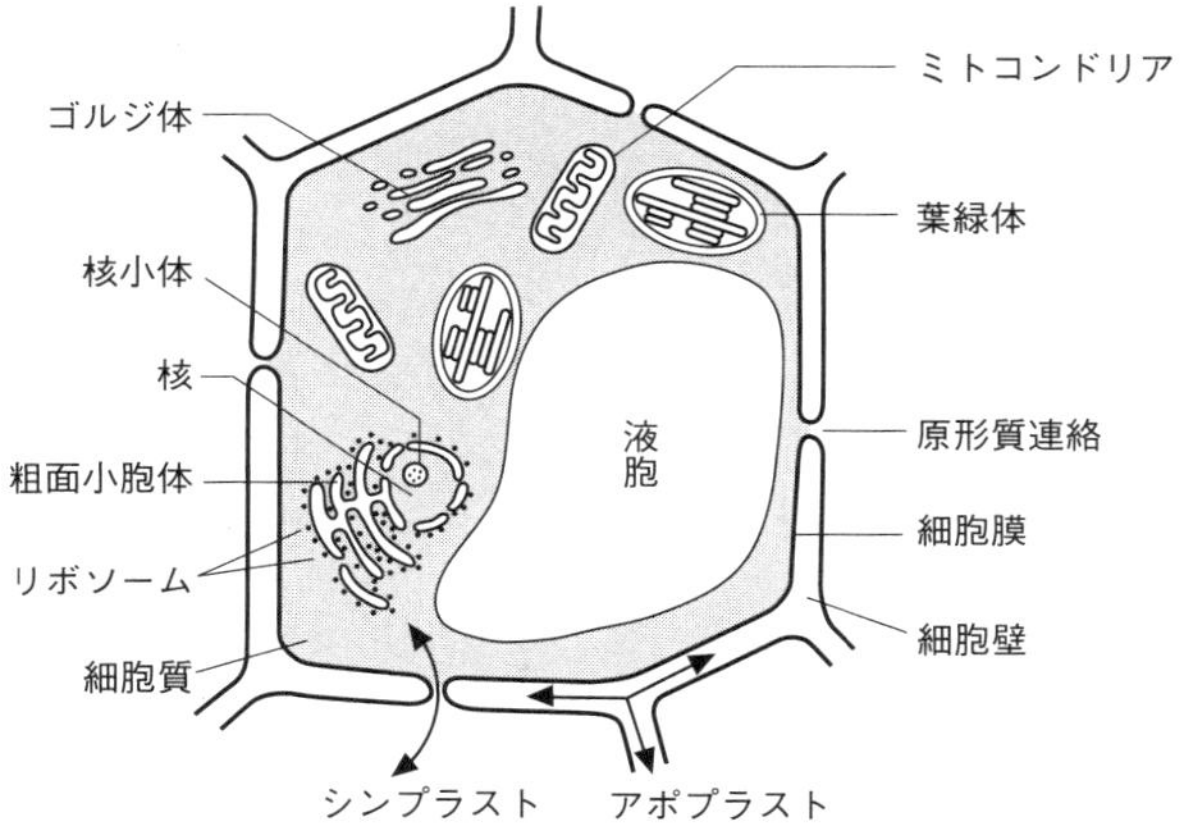

植物の細胞と細胞間の連絡（模式図）

ースからシンク方向への圧力差を利用した移動」の二段階で実現します。

植物は、心臓のようなダイナミックな構造体をもちませんが、移動すべき物質の濃度勾配を駆動力とした効率のよいシステムがあるのです。このシステムでショ糖は一時間に〇・三〜一・五m程度移動することが明らかとなっています。動物の血流速度とは比べものになりませんが、植物の生活様式を考えれば十分に速い循環システムといえます。

また、ご質問に「篩管には弁の働きをする構造がない」とありますが、篩要素間にある篩板が弁に相当すると考えることもできます。篩板があることで物質が篩管内を移動する際の抵抗が高まり、圧力差が維持されることになります。

ところで、植物体は根の先から葉の先まで、多数の細胞がつながってできています。それぞれの細胞は細胞壁に囲まれており、隣り合う細胞とは細胞壁どうしがくっついています。細胞壁には「原形質連絡」というトンネルがあって、隣り合う細胞とは細胞質どうしもつながっています。このような植物体全体の細胞壁のネットワークを「アポプラスト」といい、細胞質のネットワークを「シンプラスト」といいます。

アポプラストは、通常、水で飽和しており、細胞内とのあいだで絶えず水が出入りしています。また水に溶けている低分子の物質も、水といっしょに輸送されます。根や茎などのように長い距離での水や物質の輸送には、道管や篩管のような組織を利用しますが、そこに入るにも、まず細胞壁を通過しなければなりません。

Q45 大きな木は、どうやって水を頂上まで吸い上げているのか?

ストローで水を吸い上げると最高一〇mが限界ですが、木の中には二〇mを超すものもあります。どうして植物は、水をそんなに高いところまで吸い上げられるのですか?

＊中学生

大きな樹木の頂上まで水が上昇することは本当にふしぎですね。大木の頂上まで水を運ぶにはいくつか条件があるので、順に説明します。

1．根で吸収された水は、中心部分にある道管（被子植物ではおもに道管、裸子植物では仮道管ですが、働きは同じなので、ここでは両方とも「道管」とします）まで運ばれます。このとき根の細胞は、吸収された水で圧力（根圧《こんあつ》）が高まっています。そのため道管内の水を上に押し上げようとする力が生じますが、その力は大きなものではありません。

2．樹木では材となっているところにたくさん道管があり、とても細い毛細管（直径が二〇〇分の一〜六分の一㎜）になっています。毛細管を水の中に差し込むと、吸い込んでいないのに毛細管の中を水が昇っていきます（毛細管現象／毛管現象）。これは水の表面張力によるもので、毛細管が細いほど水は高く昇ります。また道管壁はセルロース繊維で密に織られた布のようになっていて、非常に細かい毛細管の集まりと同じなので、この道管壁の中にも毛細管現象で水が入り込みます。さらに、水は道管壁をつくっているセルロースやその他の多糖類の分子とも結合します（水和といいます）。これらの力で、道管内の水は、ある程度上昇し道管にかなり強く結びつくことができます。しかし、毛細管現象だけでは数十mにもなる大木の水上昇を説明できません。

3．水には「凝集力」という力があります。じつは水のように小さな分子（分子量一八）が常温、一気圧で液体であることはたいへん珍しいことなのです。たとえば酸素は、分子量三二で水分子より大きいのに気体です。水の分子はプラス極とマイナス極に分かれていて、一つの水分子のプラス極と別の水分子のマイナス極とが引き合い、分子間に静電的引力が働くので分子同士が近づき、弱い結合力で結ばれています。これによって分子がお互いに近づいているので、水は常

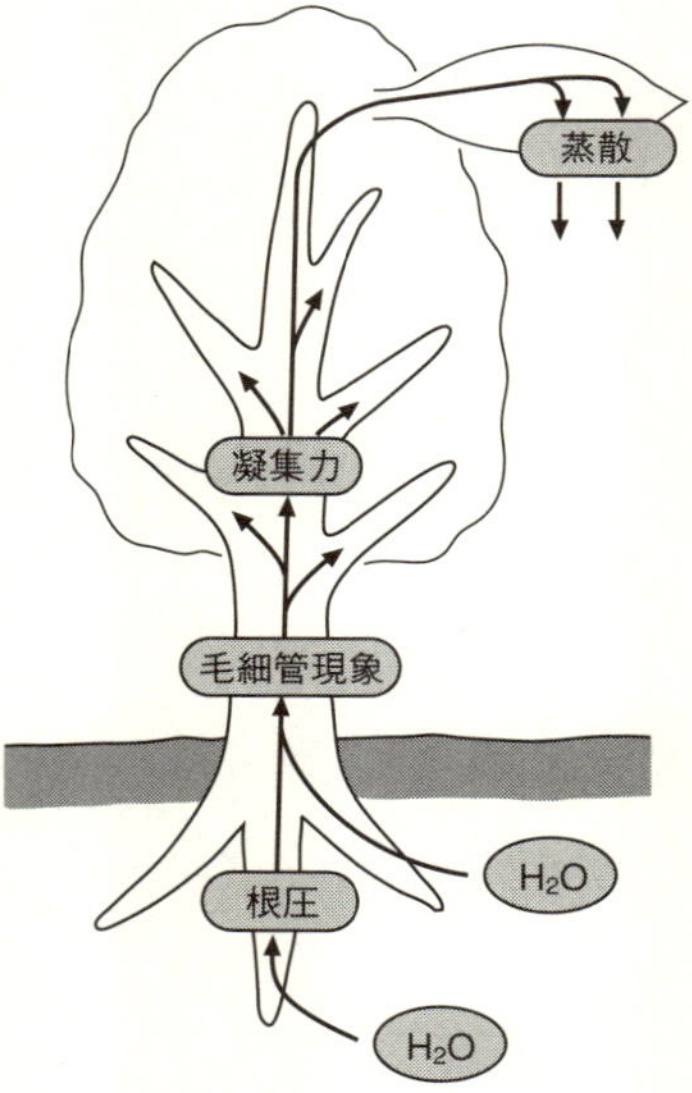

植物体での水上昇の仕組み

温で液体になるのです。この水分子同士が引き合う力が凝集力で、道管のような毛細管内では二〇〇気圧くらいの力があるとされています。

4．植物の葉には気孔がたくさんあります。この穴から光合成に必要な二酸化炭素を吸収し、できた酸素を排出すると同時に、水が絶えず蒸発しています。「蒸散」という作用で、道管内の水柱を引き上げるように働くはずです。

発芽してまもなくの植物でも先に述べた条件は同じで、根で吸収された水は道管に入り、根圧で少しは押し上げられます。小さいうちは毛細管現象だけでも道管の中の水は問題なく上部の葉まで連続して到達します。

成長して大木になると、毛細管現象だけでは説明できません。しかし水の凝集力は毛細管である道管内では大きいうえに、水分子は道管壁にも結合します。これによって大木でも、根から頂上まで道管内で気泡を生ずることなく連続した水柱となることができます。昼間は上部にある葉の蒸散作用で水を絶えず引き上げる力が働くため、水は道管内を切れることなく上昇すると考えられます。

この説明は「水の凝集力説」として一〇〇年以上前に提唱され、それ以来信じられてきました。ただし、蒸散作用で道管内が陰圧（大気圧より低い圧力）にならなければ水は上昇しませんが、実際に道管内の圧力を測定することができなかったため、凝集力説は証明されたものではなく、推論でしかなかったのです。

一九九五年にアメリカの二つの研究グループが実際に道管内の圧力を測定し、マイナス五～マイナス三五気圧という陰圧になっていることを示して、凝集力説は証明されたと思われました。しかしこの値は数十m以上に達する大木の水上昇を説明するのには十分ではないとして、さらに別の力が関係しているという意見も出されています。

現在でも「水の凝集‐陰圧説」を否定する報告はありませんが、道管内に気泡ができたり、消えたりすることが新たに見いだされるなど、まだ解決されていない問題がたくさん残されています。

Q46 花瓶に挿してある切り花や枝は、根がないのになぜ水を吸い上げられるのか？

切り花などは根がないのに、なぜ花瓶の水を吸うことができるのですか？　僕は高校では生物を受講していないので、植物に関しては中学の理科程度の知識しかありません。　＊学生

Q45で詳しく述べてありますが、植物が根から水を吸い上げ、地上部の葉や茎に送る機構は、およそ次のように考えられています。

まず根の細胞が水を取り込み、それを根の中心柱内にある道管に運びます。道管は死んだ細胞の中身が空になった毛細管です。ここでは、根はエネルギーを使って積極的に水を道管に送り出すことができます。しかしそれだけでは水を地上高く持ち上げることはできません。

水切り

道管は非常に細いパイプなので、水はその表面張力による毛細管現象で上に上がっていきます。ただしそれだけでは十分ではありません。この道管の中の水は、その凝集力で途切れることのない水の柱となり、最終的に葉の表面にある気孔から蒸発していきます。この、水の蒸発する力（蒸散）によって、植物体内でつながっている細い水柱をさらに引き上げることができると考えられています。

　ご質問の花瓶に挿してある切り花などは、根はありませんが茎には道管があるので、毛細管現象や蒸散の力によって水を吸い上げることができるのです。ただし蒸散力が働いているときは、水が上へ上へと吸い上げられているので、道管の中は陰圧になります。そのため植物を空気中で切り離すと、陰圧になった道管の中に空気が入ってしまい、それ以上水が上がっていくことができなくなります。植物を花瓶に挿すときなどに、水の中で茎を切る「水切り」をするのは、道管の中に空気が入って水柱が途切れることを防ぎ、水が上がっていくことができるようにして、花を長持ちさせるためです。

Q47

上から下への物質の輸送や情報の伝達は、どのように行われているのか？

　維管束による水や光合成産物の移動については教科書でも詳しく説明されていますが、その多くは下方から上方で、その逆の上方から下方への物質移動や情報伝達に関してはあまり見かけないように思います。そこで質問です。

1．植物ホルモンや農薬など、生理活性物質の下方への移動とその機構

2．上位葉から下位葉への外部情報（光・ストレス応答など）の伝達機構

テーマが大きくて恐縮ですが、この二点についてご解説をお願いします。＊会社員

根から吸収された水や養分（窒素やリンなどの栄養塩）は、道管の蒸散流にのって地上部に輸送されています。これに対して地上部で合成された光合成産物の多くは、篩管によって地下部に輸送されます。その点で、光合成産物の輸送は、単に下から上ではなく、むしろ上から下のほうが優勢とも考えられます。

葉に人為的に与えた窒素やリンなどの栄養塩は、篩管により根に輸送されます。農薬については、化学構造の違う多数のものがあり、一まとめにすることはできませんが、葉に散布したものが下部器官に移動する場合があることも知られています。また篩管内部の物質組成を調べた研究では、複数の植物ホルモン（160ページ「コラム11」参照）が見つかっていますから、それらも下方輸送されているのでしょう。

物質によっては篩管だけを通るわけではありません。たとえば植物ホルモンの一種のオーキシンは、茎や葉の先端で合成され、下向き（根の方向）に細胞質→細胞壁→細胞質と移動します。このように方向性のある輸送を「極性輸送」とよんでいます。オーキシンの極性輸送が起こるのは、オーキシンの排出輸送体が維管束柔細胞の基部側の細胞膜だけに局在しているためで、これがオーキシンを吐き出すと、その下の細胞が吸収することが証明されています。

外部情報の伝達機構については、まだ不明なことがたくさんあります。植物の葉の一部に病原菌が感染したり、害虫の食害を受けたりすると、傷害部でジャスモン酸やサリチル酸が合成され、これらが他の葉や茎に移動して、病害や食害に対する抵抗性を与えることは知られていますが（Q53参照）、その移動の仕組みはよく分かっていません。

オジギソウの葉の運動を引き起こす刺激情報は、葉の先端に触ると茎に向かって下向きに、また茎の上部に与えた刺激が下方に伝わることが知られています。この刺激伝達機構についても不明のことが多いのですが、一部は電気的興奮の伝達によるものとされています（187ページ「コラム13」参照）。

地上部に光刺激を与えると、それに応じて篩管内のタンパク質組成が変化したり、リン酸化されたりするという報告もあります。それらが何らかの情報伝達に機能している可能性は高いと思われますが、まだ十分に解析されているわけではありません。

葉の先端に線香の火を近づけると、茎に向かって刺激が伝わり、葉が順々に閉じられていく。
オジギソウ（マメ科）の葉の運動

このように篩管の多くは下方から上方と、上方から下方への両方向の物質、情報輸送を担っています。ただし現在まで、一つの篩管が同時に両方向の輸送に機能するという報告はないようです。したがって、ある瞬間には、それぞれの篩管ごとに輸送の方向が決められているのだと思われますが、どのようにしてそれぞれの篩管の輸送方向性が決められているかは不明です。

コラム11

植物のからだを調節する植物ホルモン

植物ホルモンの化学構造や働きは、動物のホルモンとはまったく別のものです。動物ホルモンは特定の分泌腺で合成され、循環系によってそれぞれの標的器官や組織に輸送され、そこで作用します。これに対して植物ホルモンは、特定のホルモン生産器官や組織がなく、茎、葉、根、種子など、どこでもつくられます。また植物ホルモンも道管や篩管で離れた場所へ輸送されますが、合成場所で作用することもあるし、細胞から細胞へと移動もします。

さらに、動物ホルモンはそれぞれが比較的限られた働きしかしませんが、植物ホルモンはそれぞれ多様な働きをするし、複数のホルモンが同じ過程の調節に関係することもあります。また種に特異的ではなく、コケ植物から被子植物まで植物界に共通しています。

植物ホルモンを生合成できなかったり合成量が少なかったりすると、植物は成長できないか、できたとしても異常な形態を示します。

たとえば、背丈の伸長に必要なジベレリンやブラシノステロイドが十分に合成できないと、植物体は背が低くなります。種子がすぐには発芽しないように調節しているアブシシン酸が合成できないと、種子は落ちる前に植物体上で発芽してしまいます。

ホルモンを生合成できないことが原因で形態異常を示す植物は、一般に外からそのホルモンを与えると正常な形態に回復します。また、ホルモンの生合成は正常なのに異常形態を示す突然変異体もあります。それらの多くは細胞がホルモンを受け取る機構に異常があるもので、この場合は外からホルモンを与えても正常な形態に回復することはありません。

このような植物ホルモンに関係するさまざまな突然変異体はたくさん知られており、植物ホルモンの研究に利用されています。

植物は種子の発芽、茎の伸長、姿勢の制御、花芽形成などの調節信号として、自然環境の周期的変化を利用します。さらに水不足、冠水、寒冷、病虫害、機械的傷害などの生育に不都合な刺激も、特別に対応しなければならない信号としてとらえます。とらえた外部信号はホルモンを新しく合成するか分解するか、ホルモン合成を促進するか抑制するかといったホルモンの量の変化や、輸送などによるホルモン分布の変化としても伝達されます。

具体例をいくつか紹介しましょう。

種子の中にはタバコやレタスのある品種、カゼクサなど光がないと発芽しにくいものがあります。これらの種子は「光発芽種子」（Q70参照）とよばれ、赤色光が有効です。吸水したこれらの種子に光が当たると、種子内でジベレリンが合成され、それが胚の成長を促して発芽をもたらします。ジベレリンが関与する例には、その他、低温要求性種子（Q71参照）や樹木の越冬芽（Q34参照）の発芽があります。

植物は根から水を吸収して、地上部で空気中へ蒸発させます。とくに葉には「気孔」とよばれる小さな穴があって、そこから積極的に水分が放出されます（蒸散）。気孔は開閉しますが、開いたままだと、水不足のときはしおれて枯れてしまいます。そこで植物は水不足を感知すると、気孔を閉じさせるアブシシン酸の合成を高めて葉に送ります。トマトやジャガイモの中には気孔が常時開いたままの突然変異体があり、水耕でしか育てることができません。これらの突然変異体はアブシシン酸を合成する量がきわめて少ないのです。

また、植物は風に揺れたり人が触ったりするなどの機械的刺激を与えると、伸長が抑えられ、茎が太くなる傾向があります。そのような不安定な条件では茎を太くして体勢を保とうとする適応と考えられます。植物はこのような刺激を受けると、細胞の伸長を抑えて横方向への拡大を起こすエチレンを生成します。その結果、茎は伸びずに太くなるのです。

植物が示す光や重力の方向への姿勢の制御（Q60／Q62参照）は、これらの環境信号が植物体内でのオーキシンの分布の変化をもたらすことによって起こります。

第7章 植物たちの〝住宅事情〟の謎

Q48 ある県や国にしかいない固有の植物は、なぜそこにしかいないのか？

ある県だけにしかいない固有の植物は、なぜそこにしかいないのでしょうか？　またその植物はどのような理由で誕生したのでしょうか？

＊中学生

私たちは、どこに、どんな植物が、どのように、なぜ生息しているのかを知りたがります。それが科学の入り口でもあるので、きちんと情報としてまとめる必要があります。そのときに、どこにあるかという住所録として使いやすいのは市や県、国といった区分けです。そうしてまとめてみると、中には「ある県でしか見つからない」というようなものも出てきます。

しかし、県や国という区分けは人間が勝手に決めたもので、植物の世界にはそのような区分けはありません。では、なぜ「ある県でしか見つからない」のでしょうか。その理由は、県や国な

奈良県吉野山の斜面に群生するコウヤマキ（コウヤマキ科）

どの境界は、山や川や海など、自然界の境目を目安にしていることが多いからです。つまり、環境の似ている地域が県や国としてまとまっている、ということです。

これまでの説明は人間側の事情ですが、植物側からすると別の理由もあります。

植物も動物も進化していきます。進化とは新しい種が生まれていくことです。新しい種が生まれるというのは、時間とともに遺伝子が少しずつ変化していくあいだに、それまでの種の遺伝子との違いが大きくなり、ついには互いのあいだで子どもがつくれなくなってしまうことです。

こうした遺伝子の違いがたまりやすい条件の一つは「地理的な隔離」です。たとえば、ある種の生物が、同じ種の仲間たちから離されてしまうことがあります。極端な例はハワイや小笠原のような島です。先に説明したように、県などの境にも大きな山や川、もっと小さい単位でも小さな湿原や高山の草原など、隣の環境と区切られるか、かけ離れた場所がありま す。このような場所で新しい種が生まれやすく、そうなると固有種ができることになります。

また新しい種とは別に、限られた環境に古い種が残される場合もあります。この場合は、同じ種が他の地域では絶滅しても、限られた地域に固有種として残っていることになります。中国にだけ生き残っていたイチョウや、日本の固有種コウヤマキもそうです。また高山植物の中には、昔々日本がもっと寒かった時代（氷河期など）に広がっていた植物が、涼しい高山だけに残された、というものがたくさんあります。

Q49 石灰岩地帯に生息する植物は、植物生理学的にどんな特徴をもっているのか？

熱帯性の地生蘭は、石灰岩の上に堆積した少しの腐葉土や水苔の上で生育しているとのことですが、このような石灰岩地帯の植物の植物生理学的な特徴を教えてください。　＊学生

石灰岩地帯の土壌は、炭酸カルシウムを多く含みアルカリ性になっています。そこで石灰岩地帯で目立つ植物には、アルカリ環境に対して二通りの性質のものがあります。

一つは、石灰質を本当に好むタイプで、このような植物を「好石灰岩植物」といいます。この場合はアルカリ環境、あるいはカルシウムイオンがあると生育が促されます。ホウレンソウみたいな植物で、日本ではキク科のキバナコウリンカ、シダのヒメウラジロなどが見られます。

もう一つはアルカリ環境、あるいはカルシウムイオンが好きというわけではないが、それに耐

える能力に優れている、というタイプです。この場合は、過酷な環境でも生育できるという特徴を生かして、他の植物との競争を避けているわけです。

たとえば、東南アジア熱帯の石灰岩地帯に自生するモノフィレア（イワタバコ科）は、鍾乳石からの滴りだけで生育しています。この滴りは炭酸カルシウムの飽和水溶液に相当し、ふつうの植物ではとうてい耐えることができません。試しにシロイヌナズナの種子をまいてみたところ、双葉が出るとともに枯れてしまいました。

ところがモノフィレアをふつうの土壌で栽培してみると、石灰もアルカリもまったく必要ありません。つまりモノフィレアは、アルカリ環境に耐える能力に優れているわけです。

じつは石灰岩地帯に限らず、特殊環境に暮らす植物の中には、「特殊環境が好きなわけではなく、特殊環境に逃げ込んでいるだけ」というものが少なくありません。動物と違って場所を移動できない植物は、近隣の他の植物との競争がきわめて深刻な問題です。それを避けることさえできれば、少しくらい暮らしにくくてもよいわけです。

「渓流沿い植物」とよばれる植物もこれにあてはまります。川沿いの水を浴びる環境に適応して葉が細くなった植物で、他の植物が入り込めない激流の周辺で暮らしています。しかし激流の周辺が好きなわけではなく、競争の激しい森を避けて、他の植物が入り込めないような過酷な環境に逃げ込んでいるのです。盆栽に好まれるサツキはその一つです。

そういう植物を栽培する場合には、ごくふつうの土壌と肥料を与えれば、自生地以上に元気に育つこともあるわけです。

Q50

酸性土壌でもよく育つ植物があるが、なぜ酸性に強いのか？

仕事で植木関係の業務をしていますが、あるお客さまから「酸性土壌に強い街路樹には何があるか。理論的に教えてほしい」と質問されました。だいたいは分かりますが、どのように答えたらよいのか、お教えください。　＊団体職員

樹木で酸性（アルミニウム）に強いと報告されたものとしてアカシア、アジサイ（セイヨウアジサイ）、イチジク、エリカ、カバノキ科（シデ）、クスノキ、クルミ科（ペカン、ヒッコリー）、シャクナゲ、チャ（茶）、ノボタン、マングローブ、メラルーカ、ユーカリなどがあります。

土壌中には多量のアルミニウムが含まれています。アルカリ性〜中性の土壌では安定した形で固定されているため、土壌水中に溶け出てくることはありません。ところが土壌が酸性化すると、アルミニウムイオンとなって土壌水中に大量に溶け出るようになります。

「酸性に弱い植物」というのは、このアルミニウムイオンが吸収されて、根の成長が著しく阻害される結果、根から水分や養分（窒素やリンなどの栄養塩）を吸収できなくなってしまう植物の

ことです。したがって「酸性土壌に強い植物」というのは、アルミニウム耐性をもつものとされています。ただし、アルミニウム耐性に関する研究の多くは草本作物で行われており、樹木での研究例はほとんどありません。

耐性の仕組みとしては、酸性土壌でもアルミニウムイオンを根が吸収しない仕組みの他、吸収しても茎、葉などで無毒な形に変える仕組みがあります。

コムギ、トウモロコシ、サトイモ、ダイズ、ダイコンなどのアルミニウム耐性品種は前者の仕組みをもっています。根がアルミニウムイオンに接すると、根からリンゴ酸、クエン酸あるいはシュウ酸のような有機酸を分泌します。これらの有機酸はアルミニウムイオンと結合しますが、その結合体は根から吸収されないのです。

一方、ソバやチャ（茶）のアルミニウム耐性品種は後者の仕組みをもっています。ソバのアルミニウム耐性品種では、吸収したアルミニウムイオンを葉でシュウ酸との結合物に変えて無毒化します。チャのアルミニウム耐性品種では、葉の中に多量にあるフェノール物質との結合物をつくって無毒化します。

また、根が土壌に接している部分（根圏）をアルカリ化する仕組みをもつ植物も、酸性に強いと考えられます。一九六〇～七〇年代には、コムギ、オオムギ、エンドウなどのアルミニウム耐性品種で、根からの有機酸分泌に加え、培養液の一時的アルカリ化が起こることが報告されましたが、技術的問題が多く実態は明らかにされませんでした。

しかし、一九九八年にシロイヌナズナのアルミニウム耐性突然変異体の中に、有機酸を分泌しないにもかかわらず高いアルミニウム耐性をもつ変異体が見つかりました。その変異体の根がアルミニウムイオンに接すると、根圏から水素イオンを吸収することが明らかにされました。根圏から水素イオンが吸収されれば根圏はアルカリ化するので、アルミニウムイオンは土壌に固定され、根から吸収されないことになります。ただし、このような仕組みをもつ樹木や作物が他にあるかどうかは、今のところはっきりしていません。

Q51

水辺や水中で育つ植物のからだはどんなつくりになっているのか？

沖縄でマングローブ林を見て思った疑問です。マングローブや水稲などの水辺や水中で育つ植物は、ふつうの植物とはからだのつくりが違うのでしょうか？　＊会社員

根のいちばん外側は表皮で覆われ、その内側に皮層があります。皮層の細胞と細胞のあいだにはすき間（細胞間隙）が多く、根の呼吸のためのガス交換に役立っています。植物が生育するには、根が成長して養分（窒素やリンなどの栄養塩）を取り込んでいかなくてはなりません。そのためには、根がいかに呼吸できるかということが重要です。

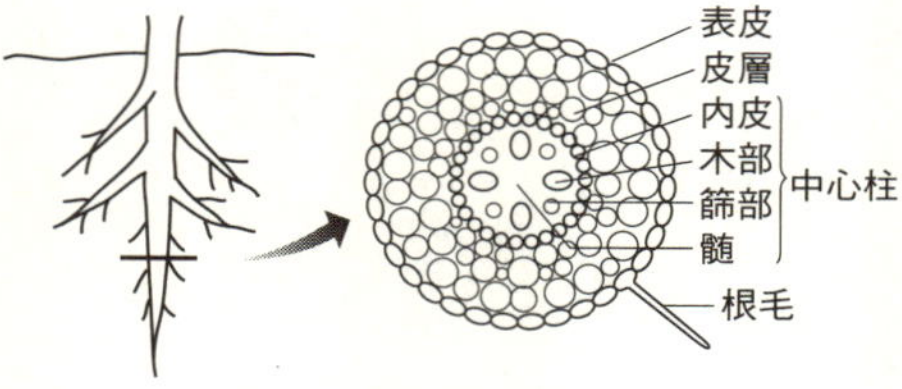

根の内部構造（模式図）

水辺で育つヒルギの仲間

通常の土壌では、土の微粒子のあいだに十分な空気があるため、根は呼吸を続けることができます。しかし粘土質の土壌や水中では、土の微粒子のあいだに空気が乏しく、酸素の拡散が極端に遅いため、根に十分な酸素を供給することがむずかしくなります。そこで水中や水辺で育つ植物は、根の呼吸のための特別な構造をもっています。たとえばマングローブ林に多いヒルギの仲間や沼地に生えるラクウショウ（ヌマスギ）などは、「気根《きこん》」という特別な器官を地上に出して、地下の根の呼吸を助けています。そのような特別の器官をもたない植物では、根や地下茎の皮層の細胞間隙が発達し、空気の流通をよくして、根が呼吸しやすくなっています。ハスやヒルムシロがその代表的な植物です。ハスの地下茎の穴やヒルムシロの葉の皮層にある通気組織は十分な空気（酸素）を供給できるため、水の中でも生育できるのです。

多くの植物で水耕栽培ができますが、魚を飼うときと同じように、水に空気を送ったほうが生育はよくなります。なお通常は地上で生育する植物でも、細胞間隙が大きいものや、水に浸かると根の皮層が壊れて根の内部に空気が通りやすいようになるものが知られています。たとえばトウモロコシやトマトは、通気しない水耕栽培や冠水状態におかれると、皮層の細胞が細胞死（Q56参照）を起こして通気組織ができあがります。

さらに、低酸素環境でも生育し続けられる植物では、たとえば根の周囲が還元状態になってアンモニウムイオンなどが増加したとしても、それに適応した養分の取り込みや代謝活動を行うことができるものも知られています。イネは、その代表的植物です。

Q52 植物にとって、なぜ塩水は害なのか？　海辺や海中の植物は、どのように対処しているのか？

先日、中学生の息子から「植物に塩水をあげると枯れてしまうらしいけど、何で？」と聞かれましたが答えられませんでした。ネットで検索しましたが、はっきりとした答えは見つかりません。なぜ、塩水は植物にとって有害なのでしょう？　＊医師

植物に対する塩水の害は二つ知られています。

一つは、植物細胞の外の塩分濃度（塩化ナトリウム濃度）が上昇して、塩分の一部が細胞内に入ってくることによる害です。細胞内でナトリウムを必須とする反応は、ほとんど知られていません。とくに陸上の高等植物（68ページ「コラム４」参照）で、ナトリウムが生育に必要な場合は限られており、一般に植物の必須栄養塩の中にナトリウムは含まれません。そもそも植物の細胞内のナトリウム濃度や塩素濃度はけっして高いものではありませんから、これらのイオンの濃度が上昇することは、細胞内のイオン環境の悪化につながるだけです。

もう一つは、細胞外の塩分濃度の上昇による、細胞内への水の吸収が妨げられることによる害です。水は細胞膜を介した浸透圧差で細胞内に入ってきます。通常の状態では、細胞の外側よりも内側のほうが溶けている塩分や糖など（溶質）の濃度が高く（浸透圧が高く）、浸透圧の差があります。しかし細胞外の塩分濃度が高くなるとその差が小さくなるため、生育に必要なだけの水が入ってこなくなり、細胞の生育が阻害されます。

台風によって、多くの街路樹が海から風で運ばれてきた塩水の害を受けることがありますが、この二つの作用によると思われます。

一方、海辺に生えている植物や海中の藻類などは、海水から身を守るための仕組みをもっています。まず、細胞内に入ってきたナトリウムや塩素を細胞外に排出する機構をもっている植物があります。排出しきれない場合は「液胞」とよばれる細胞小器官（オルガネラ）に移して、生命活動を持続します（23ページ「コラム１」参照）。

また、浸透圧差の減少を補うために、細胞内に低分子の有機物を合成して細胞内の浸透圧を上昇させ、水の吸収能力を回復させる機構をもつ植物もあります。

現在、地球上の多くの耕地で、灌漑などのために地中の塩分が上昇してきて、表面土壌の塩分濃度が高くなる傾向にあり、近い将来、多くの耕地で塩害が起こる可能性が指摘されています。また、増え続ける人口に追い付くだけの食料を生産するために、これまでは耕作に適さないとされていた海岸近くの土地へも農地を広げる必要に迫られています。

塩分に強い植物から塩分の処理に働く遺伝子を取り出し、これを塩分に弱い植物に導入することで耐塩性に優れた植物をつくろうとする試みで、すでに多くの成功例が報告されています。こうした新技術で開発された作物が、大きな役割を果たすことが期待されています。

Q53

植物は、食害を受けると防衛のために化学物質を出すが、これはどこから出て、どこで感知しているのか？

キリンがアカシアの葉を食べると、アカシアは揮発性の化学物質を放出し、近くのアカシアはそれを警戒信号として感知して、自分の葉に渋いタンニンを送り込んで防御対策をとります。キリンはそのことを知っているので、警戒信号を感知していない木に移動していくそうです。

この揮発性の化学物質（警戒信号）はどこから出て、どこで感知するのでしょうか？　いろいろ調べてみたのですが、見つかりません。まだ、不明なのでしょうか？　＊会社員

アカシアに限らず、植物が昆虫や動物に食べられて傷つく（食害を受ける）と、その刺激（傷刺激）でさまざまな化学物質を合成したり放出したりすることは広く知られています。たとえば、トマトやジャガイモは、昆虫の幼虫に葉をかじられると、植物全体に昆虫のタンパク質分解酵素（プロテアーゼ）だけに働く阻害タンパク質をつくります。そのような葉を食べ続けた幼虫は、消化不良を起こして死んでしまいます。植物の示すみごとな防御反応といえます。

その感知機構についての詳細はまだよく分かっていませんが、このような傷刺激で生成される揮発性物質としては、有名なエチレンや、病気の感染で生成されるサリチル酸メチルなどがあります。また近年、植物ホルモン（160ページ「コラム11」参照）のジャスモン酸も防御反応の獲得に重要な働きをしていることが分かってきました。これらの物質（におい）は、食害を受けた組織で合成、放出されますが、その植物全体からも放出される場合があることも報告されています。

このにおいの成分によって、その植物自身の食害を受けた周囲の組織、あるいは植物全体が、新たな防御応答を引き起こすだけでなく、放出されたにおいを感知（受容）したまわりの木も、防御物質をつくって自分の身を守ります。さらに、これらのにおいの成分の他、森林の香りの主成分である揮発性テルペンも、「被害株の隣り近所に生息する健全株（同種でなく異種でも構わ

ない）の抵抗性を高める働きをする」という報告がありますが、化学成分の詳しいことは分かっていません。

植物がにおいの成分をどこで感知するかについてですが、植物の小胞体膜にはエチレンの受容体があり、エチレンを感知していることは明らかです。ジャスモン酸やサリチル酸メチル、その他の揮発性物質などの受容体があるかどうか、今のところ明らかではありませんが、あると思われます。その他に気孔があげられますが、まだ実証データはないようです。これが分かればたいへんおもしろいと思います。

Q54 植物はストレスを感じるのか？

植物もストレスを感じるのですか？　もし感じるのなら、どんなことに対して？

＊中学三年生

現在の日本では物質的にはほぼ満たされているので、ストレスというと精神的なストレスを考えてしまいます。そこでこのような疑問をもったのでしょう。

しかし植物は私たちとは違い、太陽光をエネルギー源として光合成によって有機物を合成し、それによって自分自身のからだをつくっていかなければなりません。さらにまわりからのストレスを、移動することで逃れることができません。つまり植物は、生育している環境のストレスにさらされているのです。いくつかその例を考えてみましょう。

1. 温度

植物の細胞内温度は直接、気温の影響を受けます。昼と夜の温度差からみて、植物の細胞では一日のうちで一〇度C以上の変化があると考えられます。この温度差のストレスは、昼間は葉の気孔から水を蒸発させること（蒸散作用）によってある程度調節できますが、完全になくすことはできません。そのため植物は、一日の温度の変化を受けても細胞の機能があまり変わらない（失われない）ようになっています。

温度が高くなると細胞内の酵素やタンパク質が変性して機能が損なわれるため、それを防ぐタンパク質（熱ショックタンパク質）を合成してストレスに対処しています（46ページ「コラム2」参照）。また気温が氷点下になったときは、糖類などを細胞内に蓄えて、細胞が凍らないようにしている場合もあります。

2. 水

植物にとって水は、根が土から無機養分を吸収して地上部に移動させるためにも、葉の温度（葉温）を調節する蒸散作用のためにも、さらに細胞の代謝のためにも絶対に必要です。水が不足すると植物は、水が体内から失われないように気孔を閉じます。しかし、そのために土からの無機養分の吸収が妨げられ、葉温が調節できなくなり、葉の細胞では二酸化炭素を吸収できなくなって光合成速度が低下するなど、いろいろな面でさらに大きくストレスを受けるようになります。

3．太陽光の強さ

光合成による二酸化炭素の固定には太陽光が必要ですが、太陽光の強さ（照度）は一日のうちでも、また天候によっても大きく変動します。植物は二酸化炭素の固定能力にちょうど見合うだけの光の強さなら、太陽光のエネルギーをうまく利用できます。しかしそれ以上に太陽光が強くなると、過剰な光エネルギーによって活性酸素のような細胞に有害な分子が生じてきます。そのため植物は活性酸素を消してしまう仕組みをもち、強光ストレスに対処しています。

4．無機養分

植物が生育するためには光合成に必要な太陽光、二酸化炭素、水の他に窒素、リン、カリウムをはじめ合計一四種の元素（無機養分）が必要です。これらすべての元素が土の中に適当な量と割合で含まれていれば、植物は大きく生育できます。しかしこれらの量が少なかったり、割合が不適当だったりする無機養分ストレスがあると、生育が制限され、極端な場合は生育できなくなります。

植物は、土中の根を無機養分のあるところまで伸ばす、あるいは根から有機酸などを放出して土の無機養分を利用できる形にするなどの方法で、無機養分ストレスに対処しています。農地では収穫物の形で無機養分が土から取り去られるため、肥料として無機養分を土に補給しなければ高い収穫は望めません。

5. 土

植物が生えている土には4. で述べた無機養分が含まれていることが必要ですが、土の水素イオン濃度（pH：酸性度）もそれぞれの植物にとって適当であることが必要です。たとえば、酸性の土では粘土に多量に含まれているアルミニウムイオンが溶け、植物がこれを吸収するとその毒性のため生育が抑えられます（Q50参照）。

6. **公害ガス**

自動車の排気ガスやその他の公害ガスは、ヒトと同じように植物にとってもストレスになっています。

7. **病気**

病原微生物やウイルスによる感染にさらされるというストレスもあります。感染と発病を防ぐ機能をもっていますが（Q55参照）、それでも発病してしまうこともあります。

8. **昆虫、動物、他の植物**

植物は昆虫や鳥類をはじめとする多くの動物によって葉、種子、樹皮などが食べられてしまう危険にも、つねにさらされています。さらにまわりの他の植物によって、生育に必要な土壌の無機養分、水分、光合成のための太陽光、生育のための空間が奪われてしまう危険からも逃れられません。

このように植物も、生育している環境や他の生物によって、さまざまなストレスを受けているのです。

コラム12　細胞壁の役割2　生存、生育に不利益な要因から細胞を守る

植物は、生育に不利益な環境になっても、動物のようにその場所から離れることができません。その代わり丈夫な細胞壁があって、多少のストレスや傷害からは細胞が守られています。また、細胞壁はウイルスや細菌、カビなどの侵入を防ぎます。

微生物が植物細胞に感染するには、植物組織にできた傷口などから入るか、微生物が分泌する酵素で植物の細胞壁を分解しなければなりません。これに対して植物は、微生物が細胞に侵入しようとすると、それらの微生物を殺す「ファイトアレキシン」という毒素を合成し、微生物の侵入拡大を防ごうとします。

微生物が感染するときには、まず細胞壁に付着し、細胞壁を分解します。このとき、細胞壁の分解物（細胞壁構成成分の断片）が信号物質（エリシター）となって、健常な近辺の細胞に伝わり、そこで、ファイトアレキシンの合成反応が引き起こされます。また、同じく感染した植物細胞は、微生物の細胞壁に働きかけて、これを分解し、その分解物がエリシターとなることもあります。このように細胞壁は、病原菌の感知と侵入に対する防御において、たいへん重要な役割を果たしています。

また、植物細胞は細胞壁がないと細胞分裂できません。植物細胞を細胞壁消化酵素で処理すると、細胞壁のない裸の細胞ができます。これを「プロトプラスト」といいます。プロトプラストは生きており、培養液に入れておくとすぐに細胞壁を合成して元に戻ります。このように細胞壁は、植物にとって必須の細胞構成要素なのです。

ところで、植物の細胞壁は私たちにとっても、きわめて重要なものです。地球上の海と陸をあわせて、年間約一五〇〇億t（乾燥重量）といわれる植物生産量のうち、約六〇％は細胞壁です。その一部は、直接、他の生物の食料になりますが、私たちはその他にも、木材をはじめとしてさまざまな形で細胞壁を利用しています。たとえば化石燃料も、細胞壁が地中で長い年月を経て変化したものです。細胞壁は、私たちの生活を支える大事な自然資源でもあるのです。

Q55 植物は細菌やウイルスに対する防衛策をもっているのか？

以前から疑問に思っていたのですが、哺乳類などの複雑な免疫システムに比べ、植物はあまり細菌やウイルスに対する防衛策をもっていないように思われるのですが……。

1．感染による枯死のリスクを上回るだけ種子をつくる。
2．抗生物質などによる免疫システムで十分に対応できる。

3．細胞壁のおかげで動物に比べてずっと感染のリスクを回避している。
などと考えてみたのですがどうでしょうか？　＊学生

厳密な意味では、植物で哺乳類のような免疫システムは見つかっていません。結論から先にいいますと、質問にある三つのお考えはいずれも正しく、とくに2．と3．は正解です。

1．について

たしかに植物は、環境条件や天敵などで失われる以上に大量に子孫をつくり、種を維持する戦略をとっています。カビの病気の一つ「うどんこ病」（寄生性が強い病気）に感染したムギ類でも、種としては、十分に種子をつくって世代を回すことができます。種子を採取できないくらい激しく枯れることもありますが、この場合も、発病は一地域や個体別に限られるようです。

一般に、一つの病原体が感染できる植物種は限られています。これを「宿主特異性」、あるいは「寄生の特異性」といいます。ですから、非常に強い感染性と症状を示して宿主の種全体がダメージを受けるような病気は、いずれ地球上から消えてしまう可能性をもっています。

2．と3．について

たとえば、カビ（植物の病気の八〇％はカビによって起こります）や細菌などの微生物に対しては、もともと備えているフェノール類、サポニン、アルカロイドなどの抗菌性物質の他、感染すると低分子抗菌性物質（総称してファイトアレキシンという）や抗菌性タンパク質などを生産して自らを守っています。これらの抗菌性物質は、比較的幅広い微生物に対して有効です。また細胞壁にリグニンや珪酸をため込んで、カビや細菌に対して、物理的により強固な防壁とすることも知られています（179ページ「コラム12」参照）。

一方、ウイルス感染に対しては、感染細胞のプログラム細胞死（Q56参照）が大きな防御になります。ウイルスの複製過程に必須なタンパク質が欠けていたり、変異していたりして抵抗性を示す場合も見つかっています。また、ある細胞内でウイルスが増殖しても、隣の細胞や、さらに全身にそのウイルスが移行できない仕組みもあります。この実態は現在研究中です。

人為的に弱毒ウイルスを接種しておくと、次に感染した強毒ウイルスに耐性をもつようになるという、哺乳類のワクチンと似た現象もあります。またタバコ・ネクローシス・ウイルスや、抵抗性遺伝子をもったタバコに感染したタバコ・モザイク・ウイルスのように、侵入部に壊死斑ができるようなウイルスに感染すると、他のカビや細菌にも抵抗性を示す例もあります。

ある種の薬剤や熱処理などでこうした抵抗性を抑えると、本来の状態では感染しなかった病原体に感染するようになります。つまり植物は、いろいろな仕組みで自らを守っているのです。

Q56 液胞が破壊されると、細胞は必ず死んでしまうのか？

感染などによる植物の細胞死は、液胞の破壊から始まるそうですが、液胞が破壊されると細胞は必ず死んでしまうのでしょうか？　また、細胞死は病原体の侵入した細胞にのみ起こるのですか？　まわりの細胞には何の影響も及ぼさないものなのでしょうか？　＊学生

「細胞が死ぬ」とはあまりよいイメージをもてませんが、植物の生存にとっては重要な現象です。たとえば、特定の細胞群が死ぬことによって、はじめてある器官の形成が完成したり、一部の細胞が死ぬことで、個体が生存できるようになったりすることがあります。そのため、細胞死にはいろいろな形がありますが、ここではご質問にしたがい、液胞の関与を中心とした細胞死についてお答えします。

細胞死は、病原体が生産した毒素や環境汚染物質などで「殺される」場合とは異なります。細胞死は、遺伝的にプログラムされた積極的な死の過程であり、「プログラム細胞死（Programmed Cell Death＝PCD）」とよばれています。つまり、ある条件におかれると、その細胞は自分自身を破壊するような遺伝子プログラムを発現させるのです。

病原体に侵入された細胞に細胞死が起きると、隣接する周辺の細胞も含めて、内容物の凝縮、酸化、重合反応などが起きます。このような反応が起こると、病原体の侵入が局所的に抑えられるだけでなく、まだ感染を受けていない細胞にも抵抗性が現れて、個体全体が次の感染に対して抵抗力をもちます。

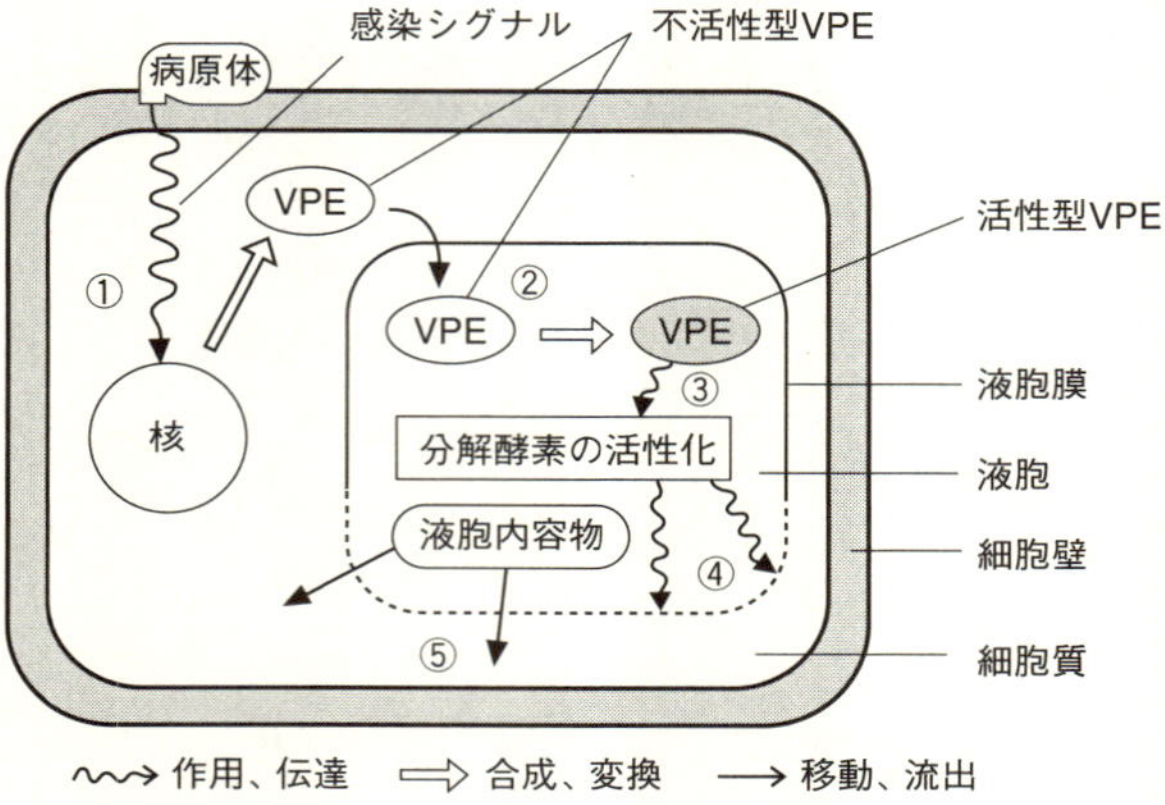

①病原体に感染したことが核に伝えられる。
②不活性状態のVPEが液胞内に移動し、活性化される。
③活性化されたVPEが不活性状態の分解酵素を活性化する。
④活性化された分解酵素が液胞膜を破壊する。
⑤液胞の崩壊により液胞内容物が流出し、細胞質と混ざり合う。
その結果、細胞は恒常性を失い、細胞死に至る。

感染によるプログラム細胞死の仕組み

ＰＣＤによる細胞死は液胞の崩壊で始まります。液胞は、細胞質の各種の無機イオンや水素イオンの濃度、糖や有機酸などの濃度を調節したり、細胞質で不要になった物質を取り込んで分解したりするための、さまざまな分解酵素をもっています（23ページ「コラム1」参照）。ですから液胞膜（トノプラスト）が壊れて、内容物が細胞質と混じり合えば、その細胞はただちに恒常性を失い、この時点で細胞死が起きたといえます。

では、病原体に感染したら、どのようにして液胞崩壊（細胞死）が起きるのでしょうか。二〇〇四年、京都大学の研究グループによって、その答えの一つがはっきりしてきました。

細胞が感染を感知すると、複雑な信号伝達過程を経て一連の遺伝子群が発現し始めます。その中には液胞プロセシング酵素（Vacuolar Processing Enzyme＝ＶＰＥ）遺伝子があり、合成されたＶＰＥが液胞内に移行します。液胞内にはたくさんの不活性状態の分解酵素があり、液胞膜によって細胞質からは隔離されています。それらがＶＰＥの働きで活性化され、その中のいくつかの酵素が液胞膜を破壊します。すると、液胞内に隔離されていた液胞内容物が放出され、細胞死に至るのです。

まったく違った局面ですが、液胞の崩壊が細胞死をもたらしている例は、花がしおれて死ぬとき（Ｑ84参照）や道管が形成されるときに見られます。道管は、死んだ細胞がつながってできたものです。上下にたくさん並んでいた道管要素細胞は、液胞の崩壊によって死んでしまうと、上下の細胞壁がなくなり、長いパイプ状の道管になるのです。

第8章 植物たちの〝動き〟の謎

Q57 葉緑体は細胞内で、どのようにして動いているのか？

日本植物生理学会のＨＰで、葉緑体が光を感知して細胞内で移動する画像を拝見し、驚嘆しました。細胞内に存在する葉緑体が、効率よい仕事を行うために細胞内で移動することは分かりましたが、細胞内に複数が漂っているだけに思える葉緑体が、どのようにして移動しているのでしょうか。また、その他の細胞小器官（オルガネラ）も移動しているのでしょうか？　その場合、同じ原理で移動しているのでしょうか？　＊学生

葉緑体をはじめ、核、ゴルジ体などのオルガネラが、植物の細胞内で動くことは古くから知られています。

葉緑体の場合、運動のしかたは大きく二つに分けることができそうです。一つは、細胞質の流

れ（原形質流動）に乗って受動的に移動するタイプ。もう一つは、葉緑体自身が能動的に移動するタイプです。

いずれにしても、動くためにはエネルギーが必要で、そのエネルギー源は、生物共通のエネルギー運搬体であるアデノシン三リン酸（ＡＴＰ）です。ＡＴＰのもつ化学結合のエネルギーを、運動という物理的なエネルギーに変換しているのは、動物の筋肉の収縮にも働いている「アクチン」と「ミオシン」とよばれるタンパク質です。

多くの場合、アクチンは繊維状の集合体になって、移動のためのレールになっています。ミオシンは、ＡＴＰを分解してエネルギーを取り出す働き（活性）をもつ酵素で、そのエネルギーを使って、アクチン繊維に沿ってモノレールのように滑ります。これが、動物であれ植物であれ、細胞内で見られるさまざまな運動現象の原理であると考えられています。

葉緑体が能動的に移動する仕組みとして、葉緑体の表面からアクチン繊維が伸び出して、そちらの方向へ葉緑体が引っ張られるという仮説がありますが、そのときミオシンがどこにあって、どのようにして力が出るのかについての詳細は、まだ解明されていません。

コラム13　植物はどこからの「命令」で「動く」のか？

植物の「動き」には、大きく分けて「屈性」と「傾性」とがあります。

屈性は光のほうに向かったり、光を避けたりする光屈性（Ｑ60参照）、重力の方向に反応する

虫を捕らえる葉（捕虫葉）に虫が触れると、左右から閉じて捕らえ、消化する。
ハエジゴク（モウセンゴケ科）

重力屈性（Q62参照）などがあり、刺激の方向に応じた動きをします。

一方、傾性は、屈曲の方向が刺激の方向とは無関係な運動をいいます。接触、光、温度変化などいろいろな刺激に反応して固有の運動をします。たとえばオジギソウの葉に触れると閉じるのは、傾性に分類されます。オジギソウのように速く運動する植物には、他にハエジゴク（ハエトリソウ）、ムジナモの捕虫葉の運動や、それよりゆっくりとしたものですが、モウセンゴケの触毛の運動などがあります。

これらの運動は、細胞の一過性の電位の変化（活動電位）に誘発されると考えられています。

一方、カタバミの花や多くのマメ科植物の葉（複葉）は、明るくなると開き、暗くなると閉じます。一時間くらいかけて開閉しますが、このような運動は「就眠運動」とよばれ、昼夜のサイクルに同調している体内時計（生物時計）によって調節されています。したがって、連続して暗いところにおいても、しばらくのあいだは、もとの周期で就眠運動を繰り返します。

このような就眠運動は、葉や柄（葉柄）の付け根にある特別な細胞の膨圧変化によるとされて

29℃（左）のときと16℃（右）のときでは、花の開き具合が異なる。

温度の変化で異なるチューリップの花

います。最近、こうした葉の開閉を調節する物質のあることも明らかになっています。

また、チューリップやクロッカスの花びら（花弁）は、朝と夕方に起こる気温の上昇、低下を感知し、花弁の内側細胞と外側細胞の成長を変化させて開閉しています（132ページ「コラム10」参照）。

植物には動物のような神経ネットワークがありませんが、刺激の情報は、細胞同士の原形質連絡（Q44参照）によって伝わっていくと考えられています。

このように刺激の受容、活動電位の発生・伝達、それによる運動のプロセスがあるので、やはり「命令」が出ているわけです。

Q58 「つる」と「巻きひげ」の違いは何か？　また、屈触性とは何か？

卒業研究で「つる植物はどうして巻き付くのか？」をテーマに研究しています。いろいろ調べているうちに「光屈性（屈光性）」や「屈触性」という言葉が出てきて、「屈触性の中には、巻きひげが含まれている」とありました。

屈触性というのは、物に触れることによって起こるものですよね？　しかし家で育てているニガウリの巻きひげは、何かに触れているわけではないのにクルクルと巻いています。どうして何も触れていないのに巻いてしまうのでしょうか？　教えてください。

あと、ふと思って考えこんだのですが、一般につるといわれているものは、茎とは違うのですか？　＊中学生

まず、「つる」と「巻きひげ」を区別しましょう。つるをもつ植物を「つる植物」といいます。同じつる植物でも、インゲンマメ、クズなどは巻きひげをもっていません。一方、キュウリ、ニガウリ、エンドウなどは巻きひげをもっています。

つるは茎です。巻きひげは多くの場合、葉が変形したものですが、ブドウ、ヤブガラシ、フウセンカズラの巻きひげのように茎が変形したものや、バニラの巻きひげのように根が変形したも

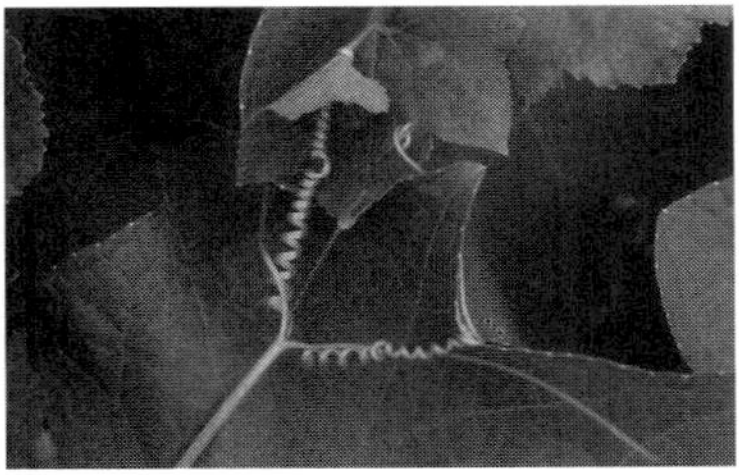

インゲンマメ（マメ科）のつる（左）と、ユウガオ（ウリ科）の巻きひげ（右）

のもあります。

　屈触性とは、植物の器官が、何かに接触した刺激によって曲がる（屈曲する）性質のことです。巻きひげの屈触性は、何かにずっと接触していなくても起こるもので、たとえば風などでゆり動かされ、そのとき少しのあいだ何かに触れただけで巻く場合があります。また、巻きひげができてから一度も何かに接触しなくても、老化が進むと巻くことも知られています。

　ご質問の「ニガウリの巻きひげが、何かに接触しているわけではないのに巻いている」のは、このどちらかのケースにあてはまると思われます。

　巻きひげは葉が変形したものが多いので、葉に裏表があるように、巻きひげにも裏表があります。裏で接触刺激を感じる巻きひげ、表で感じる巻きひげ、両方で感じる巻きひげがあります。いろいろな植物の巻きひげに触ってみるのも、おもしろいと思います。

Q 59

つるの巻き付く方向を決めているのは何か？

植物のつるが巻き付いていく様子を見てふしぎに思うのは、つるの巻き付く方向です。たとえば、自然薯のつるを巻き付かせるための支持棒を垂直に立てると、天に向かって時計回り（右回り）で巻いていきます。いたずらで左巻きにしてやろうとしても、なんとしても右巻きになろうという意志めいたものが感じられます。

巻き付く方向を決めているのはどういう仕組みからなのでしょうか？　左巻きが得意な植物もあるのでしょうか？　＊林業

つるは長く伸びますが、自分で直立できる機械的な強さがないため、他のものに巻き付いたり張り付いたりして体を支えます。アサガオやヤマノイモのように巻き付くものだけでなく、ツタのように着生根で壁などに張り付いたり、ヘチマ、キュウリなどのように巻きひげ（Q58、Q79参照）を何かに巻き付けたりして体を支える植物もあります。

ご質問の自然薯は、つる植物の中でも茎の先端（茎頂）を大きく回旋させるグループで、他のものに巻き付いて体を支える植物です。

つるが右巻きか左巻きかは、つるに沿って進んだとき右回り（時計回り）に前進する巻き方を

（左）アサガオ（ヒルガオ科）のつる（右巻き）と、（右）フジ（マメ科）のつる（左巻き）

右巻き、その反対を左巻きとしています。同様に回旋運動の向きも植物体から見た茎頂が回る向きで表します。

つるの巻き方は種によって決まっているようで、どうして右巻き左巻きが決まるのかは遺伝的だという以外は分かっていません。アサガオ、ヤマノイモ、ヤマフジのつるは右巻き、ノダフジ、ヘクソカズラのつるは左巻きです。しかし、ツルドクダミやツルニンジンのように、右巻きの個体と左巻きの個体とができる種もあります。

さらに、つる植物でなくても茎頂は右か左に回りながら伸びていきます。茎の周囲の細胞の伸びる速さは同じではなく、よく伸びる部分が茎を巡るように移動します。このため茎頂は回転しながら前進（回旋）するのです。

つる植物も発芽後しばらくは茎が直立してい

アサガオの茎頂

ますが、まもなく巻き付く相手を探すように大きな回旋運動を始めます。そして相手があれば右回りのつるでは左側面で、左回りなら右側面で相手に触れて固定されると重力屈性が現れます。

　この際の重力屈性は、よく見られる正や負の重力屈性（Q62参照）と少し違います。「側面重力屈性」といって、重力方向に対して直角に、つまり茎頂を左右に曲げる屈性です。このとき相手に触れていない側の細胞が、触れている側より大きく伸びる結果、茎が相手に巻き付きます。

　その巻き方は、たとえばつるの回旋運動が右回りなら、つるは左側で相手に接することになり、茎頂が右回りに前進して巻く「右巻き」になります。つるの右側が相手に接する場合には、側面重力屈性の方向も逆になって「左巻き」になります。このように茎頂の回旋運動の向きと側面重力屈性の向きとが決まっているため、つるは途中で巻き方を変えることはなく伸びていくのです。

　茎頂の回旋運動にも重力屈性は働いているようです。重力屈性に異常のあるアサガオの変異株（シダレアサガオ）では茎頂の回旋運動も起こさないし、つるが支柱に巻き付くこともありません。この現象はある一つの遺伝子の変異によることが最近の研究で明らかになりました。

Q60 植物はなぜ光のほうを向くのか？

窓辺に観葉植物を並べています。できれば葉っぱを室内に向けたいのですが、必ず、光のくる窓側を向いてしまいます。植物はなぜ光のくるほうに向くのですか？　＊主婦

植物が光の方向に応答して姿勢を変えることを「光屈性」といいます。茎などが屈曲することで先端を光のほうに向ける反応（正の光屈性）はその典型的な例です。

では植物は何のために光のほうを向くのでしょうか。教科書では「光合成のための光エネルギーをより多く得るため」などと書かれています。実際、双子葉植物の芽生えでは、光屈性で胚軸を曲げ、子葉がより多くの光を受けられるようにしているのが観察されます。

しかしイネ科植物の芽生えでは、幼葉は筒状の保護器官（幼葉鞘《ようようしょう》）に包まれているので、光のほうを向いても芽生えが受ける光の量は増えません。したがってより正確には、正の光屈性は、これから成長する部分がより多くの光を受けられるようにする役割をもつと考えられます。

葉柄の屈曲とねじれによって、葉の表面を光のほうに向ける植物もあります。これも光屈性の

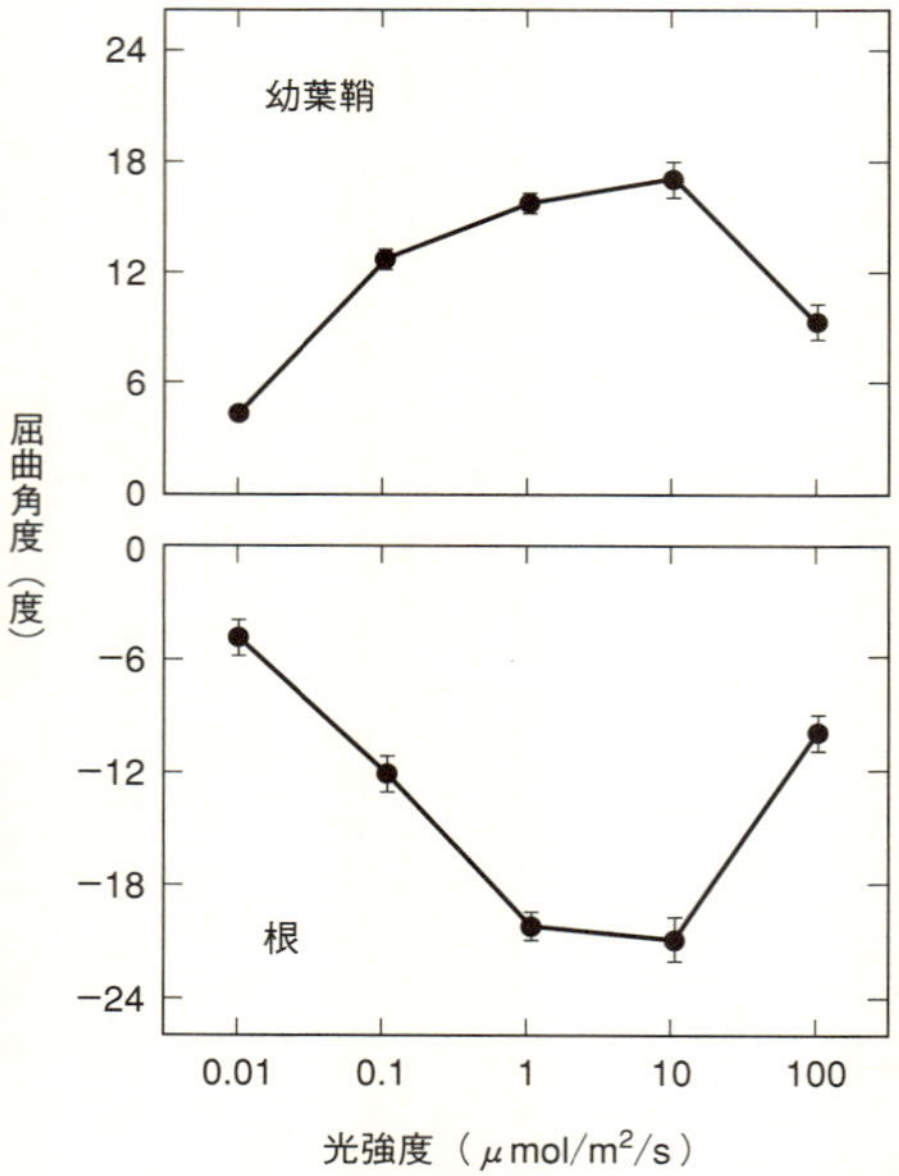

単位 μmol/m^2/s（1 秒あたり、1m^2 あたりの光量子のモル数）。真夏の直射日光は約 2000 μmol/m^2/s。
青色光で側面から6時間照射して求めた光強度と屈曲角度の関係。

イネの芽生えの幼葉鞘と根の光屈性

Haga et al., 2005

一つですが、それだけでは説明できない複雑な反応です。

また、光のほうを向くだけが光屈性ではありません。多くの植物の幼根は光を避けるように曲がります（負の光屈性）。真っ暗な地中で成長する根が、どうして光屈性を示すのかというと、種子は地中で発芽するとは限らず、地上で発芽するときもあるからです。そういうとき、根は光を避けるように曲がって、乾燥を防いでいるとも考えられます。

光の強さと光屈性反応の関係には注目すべき点があります。反応量（屈曲角度）は、光強度が上がると増え、ある光強度でピークに達し、さらに光強度が上がると減少します。光強度を横軸に、屈曲角度を縦軸にとると、反応曲線のピークは、直射日光の強さよりも二桁ほど低い光強度の位置にあります。このことは、光屈性は光が不足した環境で、より強く現れることを意味しています。

実際、野外で光屈性が観察されるのは、建物の陰や森林の境界など、より多くの散乱光が一方から当たっている環境です。窓際に置いた鉢植えの植物が外側に向かってよく曲がるのも、このような性質を反映しています。一般的に正の光屈性は、太陽に向くためではなく、日陰から逃れるために働いているといえます。

光屈性にかかわる物質として植物ホルモン（160ページ「コラム11」参照）のオーキシンと、青色光受容体のフォトトロピン（101ページ「コラム7」参照）が発見されました。植物は光が一方から当たると、フォトトロピンによる光吸収も不均等になります。それが複雑な信号伝達系を経てオーキシンの不均等分配を引き起こし、最終的な屈曲反応が起こると考えられています。またオーキシン以外の生理活性物質も関与しているという報告もあります。

しかし長年の研究にもかかわらず、光屈性の仕組みについての基本的なことは、まだ解明されていない部分がたくさんあります。

Q 61

東を向いているヒマワリを西向きに植えかえたら、東に振り向くのか？

ヒマワリは「いつも東の方向を向く」と聞きました。では、東を向いているヒマワリを西向きに植えかえたら、振り向いて東を向くのでしょうか？　＊アルバイト

北側からの撮影。写真の左が東、右が西。

ヒマワリの成長運動

写真提供／柴岡弘郎

ヒマワリは、若いときからつぼみを付ける頃まで、茎の上部一〇～一五cmが、朝は東（写真上）、正午は真上（写真中）、夕方は西（写真下）へと太陽を追って運動します。そして花を咲かせる頃になると、生育している場所にもよりますが、東か西を向いて動かなくなります。ちなみに、ヒマワリの花は一〇〇〇～二〇〇〇個くらいの花の集

まりなので、全部咲くのに数日かかります。

茎の東側が成長すると西を向き、西側が成長すると東を向きます。つまり向きを変えるには茎が成長していることが必要で、これを「成長運動」といいます。

したがって茎が成長しているときなら、東を向いているヒマワリを西向きに植えかえても、太陽が東にあれば東を向きます。しかし花を咲かせた後は、もう成長をしていないので向きは変わりません。

Q62 重力屈性にオーキシンはどのようにかかわっているのか？

オーキシン感受性変異株が、よく重力屈性に異常をきたすことから、オーキシンが何らかの重力を感知するためのメカニズムに関与していると聞いています。しかし、私にはそのメカニズムを想像することがとても困難です。さらに茎についても、どのように重力を感知しているかを知りたいと思います。
＊学生

植物の器官が重力に対して一定の方向へ曲がる（屈曲する）性質を「重力屈性」といいます。

植物体を横に寝かせると、茎は上（重力とは反対方向）に曲がり、根は下（重力の方向）に曲がります。前者を「負の重力屈性」といい、後者を「正の重力屈性」といいます。

重力屈性の反応を少し分けて考えると、次のようになります。
1．重力の方向に対して、自分のからだがどう傾いているかを感じ取る。
2．その刺激を、細胞内や細胞間で伝えやすいものに変換し、伝達する。
3．器官の上下で細胞の伸長速度に差が生じ、器官が屈曲する。
植物体を横に寝かせると、通常は、根の先端だけが下に向かって伸び出します。しかし根の先端の成長点を保護する組織（根冠《こんかん》）を取り除いてしまうと、根は横を向いたまま伸びます。このことから「どちらが下（重力の方向）かを感じ取る仕組みは根冠にある」と考えることができます。

根冠には、アミロプラストとよばれる光合成の機能を失った色素体（葉緑体の仲間）をたくさんもった細胞があります。

アミロプラストは、デンプンが粒子状に集合したデンプン粒が詰まっていて、比重が大きいため細胞の中ではいつも下に沈んでいます。根が正常な位置、つまり下を向いているときは、アミロプラストはこの細胞の床に相当する場所の上にあります。根を横に寝かせると、アミロプラストはこの細胞の壁に相当する面に転がり落ちることになります。

このことに着目して、アミロプラストが細胞の床の上にあるか、壁の上にあるかによって植物体（細胞）が重力の方向を判断している、というスタトリス説が提唱されました。この説では、

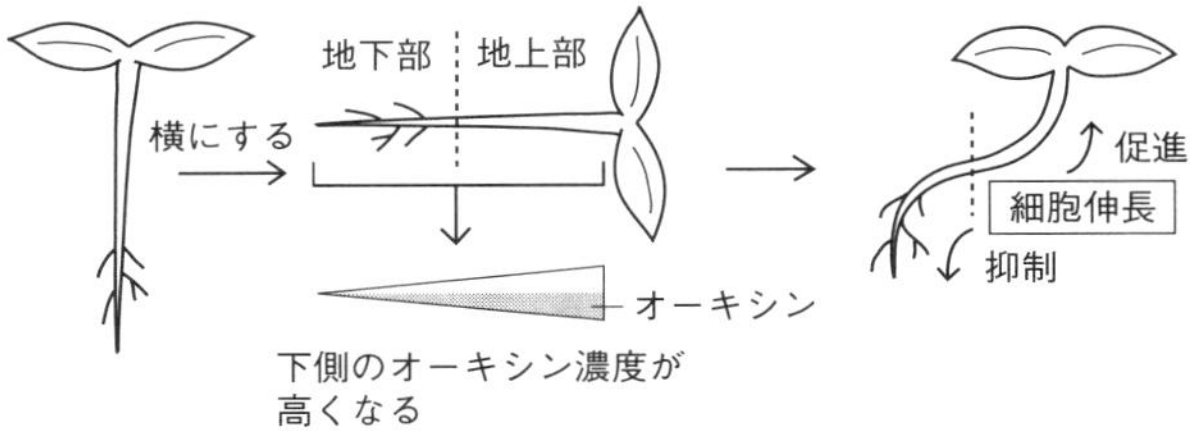

オーキシンと細胞伸長

重力を感じる細胞を「平衡細胞（スタトサイト）」、アミロプラストを「平衡石（スタトリス）」とよびます。

平衡細胞は多くの植物種で、根では根冠に、茎ではおもに維管束（道管と篩管を一つにまとめた束）のすぐ外側の、デンプンを多量にためている組織（デンプン鞘）にあります。

アミロプラストの中にデンプン粒がたまらない突然変異株では、重力屈性が弱い（重力の方向に少ししか曲がらない）ことなども明らかになり、現在では植物が重力を感知する仕組みとしてスタトリス説は正しいとされています。しかし、それではスタトリスが床の上にあるのか、壁の上にあるのかを判断しているのか、「平衡細胞はどのようにして、スタトリスが床の上にあるのか、壁の上にあるのかを判断しているのか」が問題になりますが、これについては目下のところ、みんなに受け入れられるような説得力のある説はありません。

重力屈性の2．と3．の反応には植物ホルモン（160ページ「コラム11」参照）のオーキシンがかかわっていると考えられます。

重力の刺激を受けた器官では、オーキシンが下側（重力の方向）に運ばれて濃度が高まり、上側（重力と反対方向）とのあいだに濃度差が生じます。

根では、オーキシン濃度が高くなった側で細胞伸長が抑制されるため、重力方向への屈曲が起こります。逆に茎や胚軸といった地上部の器官では、オーキシン濃度の高い側で細胞伸長が促進されるため、重力とは反対の方向に屈曲が起こります。そのため、オーキシン感受性変異株のあるものは重力屈性に異常をきたすのです。

Q
63

イヌビワの雄株の雌花は種子をつくることができないのか？

イヌビワコバチとの共生で有名なクワ科イチジク属のイヌビワは、雌株の花嚢《かのう》には雌花しかできなくて、それは受粉して種子をつくりますね。一方、雄株の花嚢には雄花と雌花がありますが、その雌花は種子をつくることができない不稔性なのでしょうか？　同属のイチジクでは不稔性ということのようですが、イヌビワではどうなのでしょう？

＊大学生

イヌビワとイヌビワコバチの共生関係について、あまりよくご存じではない方のために、少し詳しく説明しておきましょう。

イヌビワはイチジクの仲間で、雄株と雌株があり、いずれも実のように見える丸い袋状の塊（花嚢）の中に、たくさんの花が密生しています。雌株の花嚢の中には雌花しかありませんが、

第9章
植物たちの繁殖戦略の謎

イヌビワ雄株の花嚢から出てきたイヌビワコバチの雌

写真提供／岡本素治

雄株の花嚢の中には、花嚢の口元付近に多数の雄花が、花嚢の下側（奥のほう）にたくさんの雌花があります。

花嚢の口の部分は小さな葉（苞葉《ほうよう》）が鱗状に重なっているため、花粉は風で飛んだり、チョウに運ばれたりすることはありません。そこで活躍するのが、イヌビワコバチという体長二〜三㎜ほどの小さなハチです。

春、イヌビワ雄株の越冬した花嚢内では、イヌビワコバチの幼虫が寄生しています（図①）。やがて羽化しますが、オスには羽がなく、同じ花嚢内のメスと交尾して、そのまま一生を終えてしまいます。

一方、交尾をすませたメスは、産卵用の若い花嚢を探すために、生まれ育った花嚢から出ようとします。このとき口元付近の雄花の花粉が、交尾をすませたメスのからだにたくさん付きます（図②）。

イヌビワの花嚢は、雄株と雌株で外見上さほど差がありませんが、中の雌花の形が少し違います。雌花の花柱が雄株は雌株よりも短いのです。イヌビワコバチのメスは、産卵に適した時期の花嚢があれば、それが雌株か雄株かにかかわらず苞葉をかき分けて中に入ります。

雄株の花嚢に入った場合は、雌花の雌しべの先端から産卵管を差し込み、子房内に卵を産みつけます（図③）。このとき、イヌビワコバチがからだに付けてきた花粉でイヌビワは受精し、種子の形成が始まります。やがてコバチも孵化して成長していきます。コバチが産卵した子房は、産卵あるいは幼虫の刺激で球形（虫癭《ちゅうえい》）になります。

一方、雌株の花嚢に入った場合は、雌花の花柱がイヌビワコバチの産卵管より長いため、産卵管が子房に届かず、産卵できません（図④）。しかしこのと

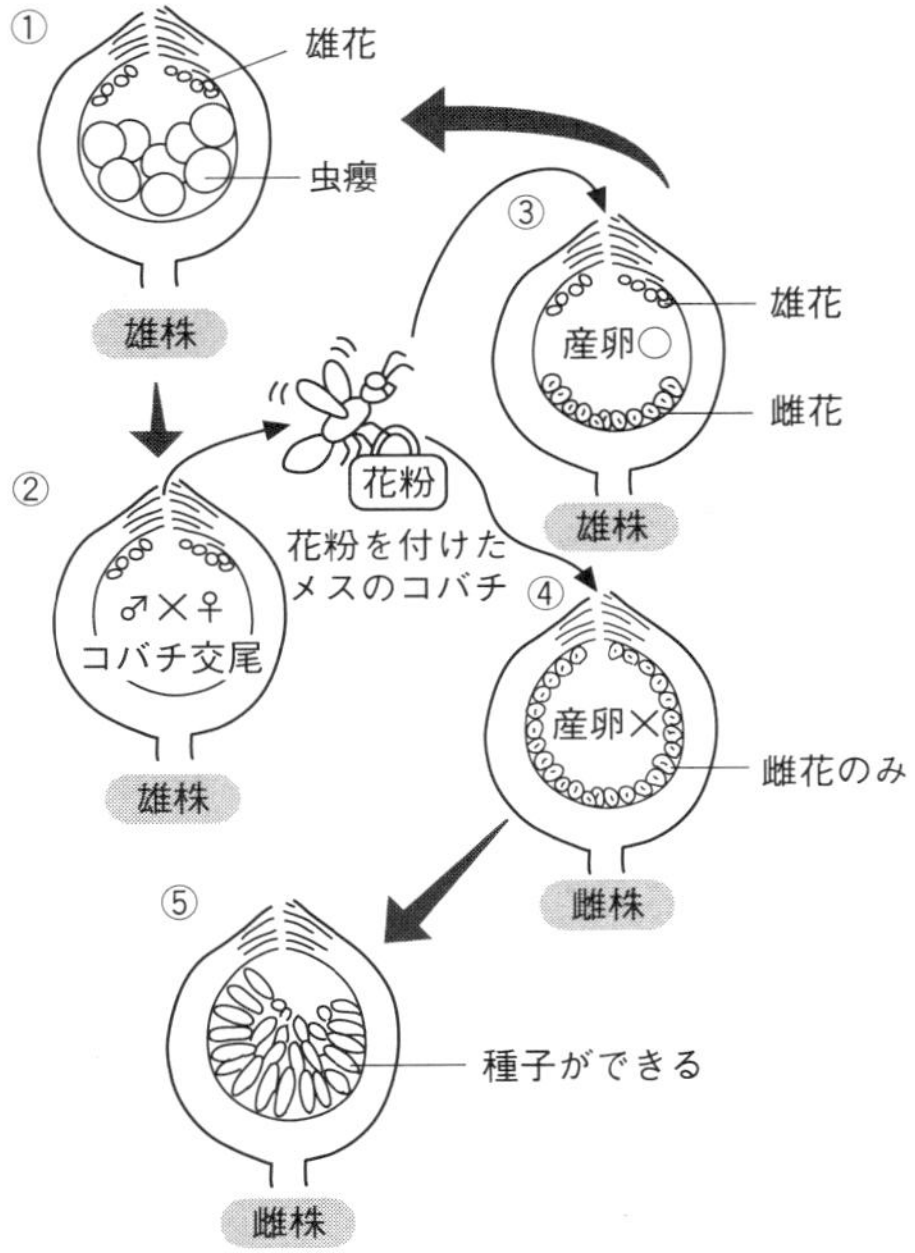

イヌビワとイヌビワコバチの共生関係

きもコバチがからだに付けてきた花粉でイヌビワは受精し、順調に成長していきます（図⑤）。

ご質問の話に戻りますが、雄株の雌花も非常にまれですが種子ができることもあります。確証はありませんが、産卵されなかった花にも花粉が付くことがあるのでしょう。つまり雄株の雌花も不稔性ではないのですが、本来は種子に蓄積される胚乳をイヌビワコバチの幼虫がエサとして食べてしまうため、種子が育たないと考えられています。

虫癭化自体はイヌビワコバチの産卵の刺激だけで始まるようです。ただ、コバチの完全な成育には十分ではありません。熱帯のイチジクの仲間で行われた実験で、花粉をもっていないコバチに産卵させたところ、産卵された雌花の半数以上は空の虫癭となり、かろうじて羽化したコバチも大部分はオスだった、という結果が得られています。産卵の刺激で虫癭化が始まったものの、受精による胚乳形成がないために、栄養要求の高いメスの成熟には栄養不足であった、ということだと思われます。

イヌビワコバチが産卵した雌花には花粉が付こうと付くまいと、幼虫に栄養を供給したほうが雄株の戦略としては短期的には得だと思われます。もともと雄株は種子をつくる気はなく、雌株に花粉を運んでくれるコバチを育てたいからです。長期的に見ると、花粉をもってきたコバチだけを選んで栄養を与えたほうがよいでしょう。それは、確実に自分の花粉を雌株に届けてくれるコバチを進化させる原動力となるでしょうから。

実際に、イチジクと共生関係にあるイチジクコバチの仲間には、花粉を落とさずに運ぶためのさまざまな仕組みや行動が発達していることが知られています。

最後に、イチジクについてですが、日本で栽培されているものはすべて雌株で、受粉しなくても果実が成熟する（単為結果）という品種です。果実の中には種子の粒が見られますが、中身は空っぽですから、イチジクはたしかに不稔性です。しかし、イチジクの原産地（西南アジア）には、イヌビワと同じようなシステムで種子をつくっている品種があります。乾しイチジクとして輸入販売されているのはこの品種です。この雄株の雌花が不稔性であるのかどうかは確かめられていないと思います。

Q64 ゼニゴケの雄株と雌株は身長差があるけど、精子はどうやって卵まで行くのか？

学校で花の咲かない植物の観察をしたときの先生のお話ですが、ゼニゴケの雄株に一滴水を垂らしたら、そこから精子が出てきたそうです。でも、ゼニゴケの雄株と雌株はかなりの身長差があります。精子はどうやって雌株の卵まで泳いでいくのでしょうか。　＊中学生

ゼニゴケはコケ植物の一群の苔類で、山野の湿った場所などに群生しています。雄株の造精器で精子をつくり、雌株の造卵器で卵をつくります。雨などで造精器が濡れると精子が泳ぎだし、

造卵器にたどり着くと受精します。

ご質問にあるとおり、ゼニゴケの雄株と雌株は身長差があったり、離れた場所にあったりします。しかし自然界では、精子が雨のしぶきといっしょに運ばれるなど、うまい具合に雌株の造卵器の近くにたどり着くことができるのです。ゼニゴケは霧に向かって精子を飛ばし、しぶきが届きそうにないほど雌株が大きく広がっている場所でも、中央部の雌株だけが受精していることもあります。ある程度は偶然に頼りながらも、私たちの知らないさまざまな仕組みで、精子を造卵器の近くまで運ぶのかもしれません。

造卵器の近くにたどり着いた精子が最終的に卵に到達するには、卵が精子をよび寄せる誘引物質が働くと予想されます。このように誘引物質に向かって移動する現象を「走化性」といい、たとえばシダ植物の精子は、リンゴ酸の濃度が高いほうに寄っていくことが知られています。しかし実際に自然界でリンゴ酸が誘引物質として働くかどうかは、まだ確かめられていません。誘引物質はたいてい極微量なので、解析がとてもむずかしいのです。もしかしたら誘引物質は関係なくて、精子が激しく泳ぐために、あくまでも「偶然」に到達しているのかもしれません。

Q65 在来種のタンポポは、自分の花粉では受精できないのか？

植物の本に、タンポポの雌しべが雄しべの束の筒の中から外に出て、柱頭に花粉が付いている写真が載っており、「他家受粉」と書かれていました。タンポポは柱頭に自分の花粉が付いても受精しないのでしょうか。＊主婦

タンポポは日本には二〇種類以上あります。カントウタンポポ、シロバナタンポポ、カンサイタンポポなど古くから日本にいる在来種の他に、セイヨウタンポポやアカミタンポポのような外来種もあります。

在来種は花粉が昆虫によって運ばれる虫媒花《ちゅうばいか》で、自分の花粉では受精（自家受粉）できず、他の株の花粉でないと種子をつくることができません。このような現象を「自家不和合」といいます。ですから在来種のタンポポが広く繁殖するには、花粉を運んでくれる昆虫がたくさんいること、株数が多いことなどの条件が必要です。

これに対してセイヨウタンポポは、雄しべに花粉ができません。雌しべは受精せずに種子をつくることができる、いわば処女生殖なのです。そして在来種のタンポポが一年に一回、春先にだけ花を咲かせるのに対して、セイヨウタンポポは一年に何度も花を咲かせます。

在来のタンポポが少なくなって、外来のセイヨウタンポポがはびこっている原因の一つは、こうした繁殖方法の差によるものと考えられます。

Q66 タンポポは花が咲き終わった後、種子ができるまで横に倒れているのはどうしてか？

国語の教科書に「タンポポは実が熟すまで、茎は低く倒れています」と書いてありましたが、どうして倒れるのですか。観察してみたら、一日くらいしか倒れていないみたいです。実が熟すより前に立ち上がります。　＊小学二年生

タンポポの花が咲いた後の動きは本当にふしぎですね。

さて「どうして倒れるのですか」の「どうして」の意味が「何のために」だとすると、むずかしすぎて答えることができません。まれにですが、花が咲き終わった後、倒れずにいて、やがて再び伸び、最後には綿毛を開かせるタンポポもあるので、どうしても倒れなければならないということはないようです。

「どうして」が「どのようにして」だとすると、これはお答えできますが、まずタンポポのからだのつくりについて説明しましょう。

タンポポの花は一つに見えますが、じつはたくさんの小さな花が集まってできていて、花びらのように見えるそれぞれが一つの花です。この一つ一つの小さな花を「舌状花《ぜつじょうか》」といい、舌状花の集まりを「頭花《とうか》」といいます。ここでは頭花を「花」としています。

またタンポポのつぼみや花を支えている茎を「花茎《かけい》」とよびますが、これは葉の付け根にある芽（腋芽《えきが》）が伸びたもので、植物学的には枝です。ですから枝に上側と下側があるように、タンポポの花茎にも上側と下側があります。それぞれ向軸側《こうじくがわ》、背軸側《はいじくがわ》といいますが、ここでは腹側、背側として説明をしていきます。

では本題に戻りましょう。ふつうの枝が斜め上に伸びているように、タンポポの花茎も地表近くでは斜め上に伸びています。ところが花茎は途中で立ち上がるので、つぼみや花に近い部分では垂直に近い方向に立つようになります。このとき地表近くの花茎は腹側を凹型にして曲がっています（次ページ図の①）。この形で伸び、開花中の花を上方に持ち上げていきます。また、日が当たると花茎の陰になっているほうを伸ばし、花を太陽に向けるようにもします。

舌状花は外側から咲き出し、中心へと咲き進んでいきますが、すべての舌状花が咲き終わった頃、今度は凹型に曲がっている花茎の上の部分の腹側が伸び、凸型になるように曲がります。全体としてはS字型になります（図②）。そこからさらに腹側が伸び続けるので、花茎は地表近くまで倒れてしまうのです（図③）。

ここでなぜ腹側が伸びるのかは、よく分かっていません。ただ、つぼみのときに花を取り除くと花茎は倒れなくなりますが、その花茎に植物ホルモン（160ページ「コラム11」参照）のオーキシンを高濃度で与えると倒れることなどが明らかになっています。そして受粉をさせないと倒れないこと、受粉後に花から花茎へのオーキシンの供給が増えることも分かっています。高濃度の

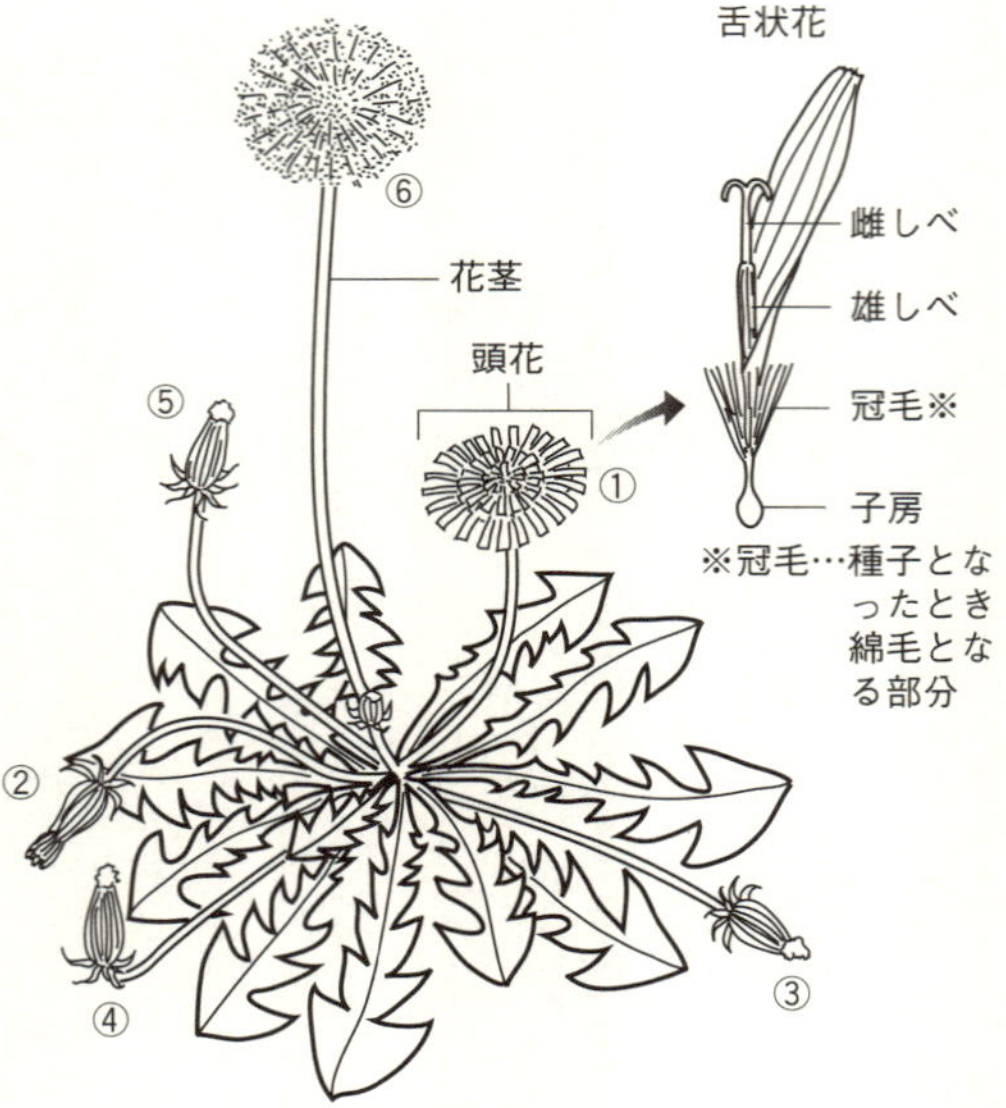

タンポポの舌状花（右上）と、花茎が倒れてから立ち上がるまでの様子（①〜⑥）

オーキシンは、植物ホルモンのエチレンの合成を引き起こします。エチレンには葉や柄（葉柄）の上側（腹側）の伸長を促して葉を垂れさせる働きがあります。

　このようなことから、受粉によるオーキシン供給の増大によってエチレンが生成され、エチレンの働きで花茎の腹側の伸長が促されて倒れる、という可能性が考えられます。タンポポでは調べられていないようですが、他の植物の場合、つぼみや花から花茎に送られるオーキシンの量は、花が咲いていく途中で最大になり、花が咲き終わるとほとんどゼロになることが知られています。タンポポでも、舌状花が咲き続けているあいだは花茎がよく伸びますが、花が咲き終わって倒れているあいだはオーキシンの供給が悪く、花茎の伸びも悪いのだと考えられます。

ちなみに植物を寝かせると立ち上がってきますが、この立ち上がりにもオーキシンが必要です（Q62参照）。

さて、こうして花茎全体が寝ているあいだに、咲き終わった花が首を持ち上げるように立ち上がります（図④）。立ち上がるのは花茎の背側が伸びるからです。その後で花茎が伸びながら立ち上がってきます（図⑤）。

多くの植物で、成熟中の果実から花茎へのオーキシンの供給が始まることが知られています。タンポポでも成熟中の果実を取り除くと花茎の伸びが悪くなるので、倒れた後に立ち上がり、花茎を再び伸ばし始めるのには、成熟中の果実から供給されるオーキシンが働いていると思われます。立ち上がりながら花茎はぐんぐん伸び、花を咲かせていたときの花茎の二倍以上にもなり、綿毛の開いた種子を飛ばします（図⑥）。

Q67

植物のクローン技術とは？

クローン羊のドリーなど、クローン技術はおもに動物で使われていると思ったけど、植物では昔からクローン技術が使われてきた、と聞きました。これってどういうことなのか、詳しく教えてください。＊小学生岩波書店の『生物学辞典』（第3版）によると、「クローン」とはギリシア語に由来し、本来は植物の小枝の集まりを意味するが、それから派生し、無性的な生殖によって生じた遺伝子型を同じくする生物集団を指すものとして、H. J. Webber（一九〇三年）によって初めて生物学的に用いられた、となっています。動物のクローン化技術は新しいものですが、植物では挿し木や接ぎ木など、昔から広く利用されていました。

挿し木は、植物の枝や茎、葉を切り取り、切り口を土中に挿し込み、根を出させて、新しい株をつくる方法です。接ぎ木は、枝などを切り取り、同種もしくは近縁の植物の幹に接いで癒着させる方法です。根のある（接がれる）ほうを「台木」といい、枝などの接ぐほうを「接ぎ穂」といいます。台木と接ぎ穂の切り口を合わせて固定すると、切り口の部分にある細胞分裂を盛んに行う細胞層（形成層）の働きで細胞が増え、細胞の塊（カルス）ができます。このカルスの中で維管束（道管や篩管）が分化し、台木と接ぎ穂はいっしょになります。

春に目を楽しませてくれるサクラの一種ソメイヨシノは、同じソメイヨシノと交配しても種子ができません。ヤマザクラなど他の種の花粉を受粉すると果実をつくるので不稔性ではありませんが、その種子からできるサクラは交雑種で、ソメイヨシノではなくなります。そこで接ぎ木で増やします。つまりソメイヨシノはすべてクローンというわけです。

ランなどは、成長点を取り出して培養（成長点培養）すると細胞塊（プロトコーム）ができます。これを細かく分けてさらに培養すると、それぞれがプロトコームになり、これからクローンの植物体を再生します。このように、成長点を培養してクローン植物をつくる方法は「メリクロン培養」ともよばれており、他の植物でも広く利用されています。「メリクロン培養」とは、園芸関係者が Meristematic Clone Culture を日本語特有の短縮語として使いだした慣用語です。

Q68 バナナには種子がないのに、どうやって増やすのか？

種子のなさそうなバナナを、どうやって増やすのでしょうか？　そもそも、バナナの木自体、ふつうの木とは違っているように見えます。どんな木なのでしょうか。　＊会社員

日本では生で食べる生食用バナナが一般的ですが、東南アジア地域では煮たり焼いたりして食べる料理用バナナが重要な食糧になっています。どちらも種子なし果実をつける品種が広く栽培されていて、株分け、挿し木、接ぎ木、成長点培養などで株を増やしています。

バナナは数mを超える大きな植物ですが、じつは「木（木本）」ではなく多年生の「草（草本）」で、一生に一度だけ果実をつけます。果実ができると地上部は枯れてしまいますが、地下部は生きています。地下部には塊状に膨らんだ地下茎（根茎《こんけい》）があり、これが側方へ枝を伸ばし、そこから新芽（吸芽《きゅうが》）が出てきます。「株分け」は、この吸芽を次世代として栽植するので

す。株分けした後、開花結実するまでには三年ほどかかります。

ところで、バナナはなぜ「種子なし」なのでしょうか。その原因には「単為結果性」によるもの、「種子不稔性」によるもの、「三倍体性」によるものなどがあります。

バナナ（バショウ科）

単為結果性とは、受精することなく子房、花被、花托などが肥大して果実を形成する現象で、完全な種子ができません（不完全種子系統）。食用になる果実では珍しいことではなくバナナの他にトマト、パイナップル、ミカンなどに見られます（実際は育種の過程でこのような系統が選択されてきたからです）。ある種の果樹では、植物ホルモン（160ページ「コラム11」参照）を使って人為的に単為結果を誘発させることもできます。ジベレリンの溶液につけることで「種子なしブドウ」ができるのはその代表例です。

種子不稔性は、受精しても胚発生が途中で中断されるため種子ができない突然変異系統で、バナナ、ブドウ、モモにこの系統があります。

三倍体性は、染色体セットが奇数で正常な核組成の配偶子ができないため種子ができないものです。ふつうの植物は、遺伝子が組み込まれた染色体を、父親と母親からそれぞれ一セットずつもらいますから、二セットもっていることになります。これを「二倍体」といいます。二倍体植物にコルヒチンという薬剤をかけると、四倍体の植物が得られます。この二倍体と四倍体とを交配させると三倍体の種子ができます。

この三倍体の種子を育て、咲いた花の雌しべに二倍体の花粉を受粉させると、子房が膨らんで果実はできますが、種子はできません。三倍体は染色体セットが奇数（三セット）のため、生殖細胞ができるときに染色体を半分に分けることができず、花粉や卵細胞が正常につくられません。そのため種子ができないのです。

ニューギニア、インドシナ半島、インドにかけた地域で、不完全種子系統が長い年月（五〇〇〇年から一万年といわれています）をかけて選別され、その中から種子不稔性の突然変異系統が選ばれて、今日のほぼ完全な種子なし系統が生まれました。この他、現在では、自然発生した三倍体種子なし系統も、かなり栽培されています。

Q69 ヒガンバナは、どうやって繁殖地を広げているのか？

ヒガンバナについて質問があります。

1. ヒガンバナが群生しているのを見かけます。足がついているわけじゃないのに、球根はどうやって繁殖地を広げていくのでしょうか？　分球して毎年球根一個分の幅の拡大だけで、何十mも、あるいは何百mも広がれるのでしょうか？

2. ヒガンバナのような野生の球根植物は、毎年同じ場所で分球していくと密集してしまい、成長できなくなるようなことはないのでしょうか？

3. ヒガンバナは三倍体で、種子はめったにできないと聞きますが、まれにできたりすると考えてよいのでしょうか？

4. 種子から発芽したヒガンバナは二倍体でしょうか？　三倍体でしょうか？　＊自営業

植物生理学よりはむしろ生態学の分野のことですが、分かる範囲でお答えします。

1. と2. について

当然、球根は自分では移動しません。しかし、たとえばイヌやカラスがくわえていったとか、ヒトが運んで植えたとか、何かにくっついて他へ移ったとか、水に流されたとかで移動することはあるでしょう。川べりのヒガンバナの球根が、雨で水かさが増して洗い出され、他へ流されていくこともあり得ます。

また毎年分球して球根が増えますが、土が硬かったり浅いところにあったりすると、地表に球根がせり上がってきます。露出した球根は外れやすく、何かの拍子で別の場所へ転がってそこで根付くということも考えられます。

松江幸雄さんが三〇年余りにわたって観察を続けられたところでは（裳華房『生物の科学 遺伝』一九九七年四月号）、一個の球根が九二六個に増えたそうです。条件さえよければ、すべての球根から花が咲きますから、みごとな群落ができるでしょうね。

ヒガンバナ（ヒガンバナ科）

3．について

日本産のヒガンバナは三倍体（Q68参照）なので種子はできません。まれにできても発芽力はないようです。私の家の庭で育てているヒガンバナは、毎年花を咲かせ果実ができることもありますが、今年調べてみたところ、やはり種子はできていませんでした。

4．について

中国産のヒガンバナは二倍体ですから種子ができます。この場合は当然二倍体の植物が育つはずです。三倍体の種子が発芽して個体になったという例は、聞いたことがありません。

Q70 栽培植物は、なぜ種子ができる時期と、種子をまく時期にタイムラグがあるのか？

ペチュニアの栽培床で、花柄摘みをさぼっていた一角で秋に種子ができてしまいました。ところが種子をまく時期を調べたところ四月となっていました。生き物なら、種子ができて、地面に落ちたときが「まき時」だと思うのですが、なぜ種子ができる時期と、まく時期にタイムラグがあるのですか？　風などによって十分に土をかぶることが必要なのかとも思ったのですが、「土をかぶせないでまけ」ということです。これでは自然の中では生きていけないのではないかとさえ思えてしまいます。他の植物の種子でも、できる時期とまく時期にはタイムラグがあったと記憶していますが、なぜなのでしょう？　＊会社員

植物の生き方にはふしぎに思うことがたくさんあります。しかしそれは人間から見てのふしぎで、植物の立場からすると当たり前のことなのです。野生植物は種（自分の仲間）を絶やさないよう、したたかな生存戦略をもっています。この問題もその視点で考える必要があります。

春に開花する野生植物では、春遅くから夏にかけて種子ができます。この種子は、地上に落ちるとすぐに発芽するものもありますが、野菜（栽培植物）の種子のように「いっせいに発芽する」ことはありません。半年から一年以上にわたって少しずつ発芽します。

つまり野生植物は、同じ時期にできた種子でも「不揃いに発芽する」性質をもっているのです。これは自然の環境が急変しても「どれかが生き残る」戦略となっています。

また、夏から秋にかけて咲く野生植物は、秋から冬にかけて種子ができます。この種子は、地上に落ちてもすぐには発芽しません。いったん冬の低温にさらされ、春になって発芽します。秋に発芽しないのは、幼植物が冬の低温や凍結という不利な環境を避けるための戦略です。

ペチュニア（ナス科）

種子が発芽に適当な条件（十分な水分、適当な温度、酸素の供給）におかれても発芽しない状態を「休眠」といい、乾燥状態で一定期間経過したり、低温にさらされたりすると休眠が破れて発芽し始めます。

実際は、長い進化の過程でこのような性質をもった（獲得した）植物種だけが、生き残ってきたものと解釈されています。ですから野生植物では、結実時期と発芽時期とのあいだに時間差があるのがふつうの姿です。

一方、栽培植物は、人間が何らかの目的のために何代も交雑を繰り返し、目的に合った性質をもつものだけを選別してきたものです。種子で増える栽培植物は、この目的の中に「容易に発芽する（種子の休眠が弱い）」「いっせいに発芽する」「同じような生育速度をもつ」「いっせいに開花、結実する」ということなども含まれていたのです。

それでもペチュニアの園芸品種のほとんどには、初夏から秋口にかけて咲くというペチュニア属元来の性質が残されているので、種子のできた秋にまくと、発芽しないか、発芽しても幼植物で越冬することになり、栽培管理がむずかしくなります。またペチュニアは長日植物（Q33参照）ですので、夏にとれた種子をすぐにまき、発芽したとしても、その年には花は咲きません。これを春（一般にはサクラの咲く頃）にまけば容易に発芽しますし、生育条件もよいので、栽培管理もしやすく、花も咲くことになるわけです。

栽培植物の種子の中にも休眠するものはあります。たとえばレタスやミツバなどは、光を当てられることによって種子の休眠が破られます。このような種子を「光発芽種子」といい、ペチュニアの種子もこの仲間に入ります。ですから質問にもあるように、ペチュニアの種子はまいた後に土をかぶせないで、光に当たるようにする必要があるのです。

コラム14　種子の発芽に水が欠かせないワケ

種子の発芽とは、種子の中に形成され、休眠している幼植物体（胚）が成長を再開することです。そのために必要な各種物質の合成、生体エネルギー（アデノシン三リン酸＝ＡＴＰ）の供給、化学反応を進めるための酵素の合成など、盛んな化学的反応が起きます。

種子の中には、このときに必要な養分があらかじめ貯蔵されています。イネのデンプン、ダイズのタンパク質、ピーナッツの脂質などがそうです。種子が水を吸うと、これらの貯蔵物質を分解する酵素の働きが活発になったり、新しく合成されたりします。これによってデンプンからはブドウ糖が、タンパク質からはアミノ酸が、脂質からは脂肪酸が生成されて、新しい細胞をつくるためにいろいろと利用されるのです。

このようなわけで、種子の発芽には水が欠かせません。発芽に限らず生命活動は、細胞内のさまざまな化学反応によって維持されています。これらの反応は酵素が触媒し、水のある条件で進行します。そのため、すべての生物が水のある環境に生きているのです。

Q71 種子を低温におくと、種子の内部ではどのような変化が起こるのか？

秋に結実する種子の多くは、数週間冷蔵庫で保存すると発芽するようになるそうですが、冷蔵庫で保存している間に、種子の中でどのような変化が起こるのでしょうか？　＊自営業

種子の発芽とは、成長を止めていた胚が再び成長を始め、通常、幼根が種皮を破って伸び始め

植物名	最適温度（℃）	処理期間（日）
リンゴ（バラ科）	1	30〜60
ヒオウギ（アヤメ科）	5	30
サトウカエデ（カエデ科）	5	60
デラウエアブドウ（ブドウ科）	5	90
ノイバラ（バラ科）	5	120
モモ（バラ科）	10	30
ユリノキ（モクレン科）	10	30〜60
チョウセンマツ（マツ科）	10	100
ニオイヒバ（ヒノキ科）	1〜10	30〜60
ハナミズキ（ミズキ科）	1〜10	70

種子休眠を破るための湿潤低温処理温度と処理期間

Growth of Plants by William Crocker, Reinhold Pub. Corp. 1948 Table 11 より抜粋

ることをいいます。一般に野生の種子は、完熟後しばらくは発芽せず「休眠」とよばれる状態に入ります。その期間も原因もいろいろです。休眠する種子の中で、ある一定の低温期間を経験しないと発芽が起こらない種子を「低温要求性種子」といいます。

このような種子は温帯北部から亜寒帯に生育する植物に多く見られます。もしも発芽してすぐ冬になると、まだ幼い植物体が低温の傷害を受けます。そこで冬が終わり春になって発芽する仕組みで、気候に適応したものだといえましょう。この仕組みによって、人工的に低温を経験させてやると（低温処理）いつでも発芽させることができるのです。

ただし種子が乾燥したまま低温においても発芽しません。種子を湿らせて低温におく必要があります。このような種子の処理は昔からよく行われていました。

種子が休眠しているのは、多くの場合、胚の成長を抑制する物質（たとえば植物ホルモンのアブシシン酸・160ペー

ジ「コラム11」参照）が種子中にたくさん含まれていることが原因だったり、逆に成長を促すホルモン（ジベレリンが一般的）が足りなかったり、あるいはその両方が原因であったりします。ジベレリンはアブシシン酸による抑制を阻害する働きもします。低温要求性種子は、低温を経験しているあいだに、アブシシン酸が減り、ジベレリンが増えて発芽できるようになるのです。

また低温にさらさなくとも、ジベレリン溶液に浸けてやれば発芽する低温要求性種子もたくさんあります。農業・園芸用のジベレリンは、大きい園芸店や農協の他、インターネットでも購入することができます。粉末状のもの、錠剤、液剤などがあり、いずれも水で薄めて使用します。興味のある方は、ぜひ試してみてください。

Q72 発芽の際には、もともと種子にはなかった物質が増えるが、どんな成分が何に変わるのか？

私はテレビディレクターです。現在、モヤシなど種子を発芽させた野菜（発芽野菜）についての番組を制作しているのですが、栄養学の研究者から「植物は発芽の際に、種子のときにはなかったさまざまな栄養素が増える」と聞きました。おそらく植物のもつ酵素の働きによるものだということですが、これは具体的には、種子のもつどんな成分が、どんな酵素の働きによって何に変わるということなのでしょうか？　もちろん物質ごとにさまざまなケー

スがあると思うのですが、何か代表的な例をお教えくださいませんでしょうか？　＊団体職員

種子には発芽した植物体のからだをつくったり、成長のエネルギーに使ったりするためのデンプン、タンパク質、脂質などが蓄積されています。種子の発芽の過程で、これらの物質は分解され、さまざまな物質の合成に使われます。

デンプンはアミラーゼやマルターゼという酵素によって分解され、麦芽糖を経てブドウ糖になります。ブドウ糖は、さらにビタミンCなどに変換されます。タンパク質はプロテアーゼという酵素によって分解されて、アスパラギン酸やグルタミン酸などのアミノ酸になります。

ちなみに、野菜ではありませんが、玄米を発芽させた発芽玄米では、アミノ酸の一種のギャバが豊富に含まれています。正式にはγ－アミノ酪酸（Gamma-Amino Butyric Acid）といい、その頭文字をとって「ギャバ（GABA）」とよばれています。貯蔵されていたタンパク質が分解されてグルタミン酸ができ、さらに、グルタミン酸がグルタミン酸脱炭酸酵素の働きによって分解され、ギャバができます。

種子にはもともとなかった栄養素は、このようにしてつくられています。

第10章 自由研究のネタになる謎

Q73 水草や水中で育つ藻類は、水に色素を溶かして色をつけても無事に育つか？

植物の成長、分化には、赤色光が重要だと聞きます。それでは、藻類を育てる水溶液が赤褐色でも、その中に入っている植物は問題なく育つでしょうか？　光がさえぎられて光合成がうまくいかないのでしょうか？　また緑色溶液だったら？　黄色溶液だったら？　赤色溶液だったら？　どうなるのか教えてください。＊会社員

植物は、光合成を行うために必要な光を吸収するため、クロロフィルやカロテノイドなどの色素（光合成色素）をもっています。クロロフィルは青色光と赤色光を、カロテノイドは青色光を吸収するので、これらの光がないところでは植物は育ちにくいと考えられます。これに対して水中で生活するラン藻（シアノバクテリア）や紅藻などは、クロロフィル、カロテノイドに加え、

フィコビリンをもっているので、緑色から黄色にかけての光も利用できます。

可視光は水を透過するため、水生植物や藻類も陸上の植物同様に青、赤、緑の光を利用しています。水深が一〇mくらいになると、可視領域の短波長側と長波長側の光は届きにくくなります。しかしご質問にあることを確かめる実験を行うような浅い水槽でしたら、可視光すべてが届いていると考えてよいでしょう。

ところで、この実験にあたっては、まず、用いる色素化合物が植物体に対して化学的に影響を与えないことが肝心です。したがって一般的には、溶液に色をつけるのではなく、色フィルターを通した光を当てる実験のほうが問題は少ないと思います。

さらに、たとえば赤や緑の色素（ヒトの目にはそのような色に見える場合）でも、赤だけあるいは緑の光だけを透過していることはまずありません。そのため光を強くした場合、同じ色に見えていても、他の色の光の成分も混じっていて、水生植物がそれに応答する可能性があります。たいていの色素は、実験用に設計されたフィルターほどには、特定の光をシャープに通したり遮断したりはしないのです。

また色素化合物は、水に溶けた状態では光によって別の化合物に変化したり分解したりすることも考えられます。

これらの理由からと思われますが、色素水溶液中で植物を育てる実験は、私の知る限りではないようで、質問に的確にお答えすることができません。しかし、実際に試してみたらおもしろいかもしれませんね。あくまでも推測ですが、フィコビリンをもたない藻類は、緑色の水の中では育ちにくいのではないでしょうか。他の色の場合は、光量が十分なら、特定の色の光がなくても光合成には支障をきたさないと思われます。

しかし、光合成とは別に、水生植物や藻類の形態は水の色によって変化すると考えられます。植物は光を光合成のためだけに用いているのではなく、自らの生育環境を知る情報としても利用し、その環境にもっとも適した姿、形になろうとする機能をもっているからです。

情報としての光は、光合成色素とは異なる色素を光受容体（101ページ「コラム7」参照）として用いており、わずかな光量で十分です。そして光の色が異なれば、活性化される光受容体も異なります。このため、誘起される遺伝子発現も異なり、それによってさまざまな形態に成長分化すると考えられます。これにかかわる光受容体にはフィトクロム、クリプトクロム、フォトトロピンなどがあります。フィトクロムは、赤色、遠赤色の光を、クリプトクロムやフォトトロピンは青色光を、おもに感知し、植物の背丈や葉の大きさの調節、種子発芽や花のもとになる芽（花芽）の形成などを引き起こしています。

水生植物や藻類にもこれらの光受容体が存在するので、赤色光や青色光、さらに遠赤色光の割合を変えると、異なる形態形成反応が引き起こされることが調べられています。それらは植物種によって異なり、光量、波長（色）、日の長さなどが複雑に影響を及ぼし合っているので、単純に「何色ではどうなる」というようには答えられないと思います。

水生植物や藻類の光に対する反応には、まだまだ知られていないものが多く残されています。水の色を変えてさまざまな植物を育ててみると、とてもおもしろい発見があるかもしれません。これからも興味をもって観察していただければうれしいです。

Q74

茎の伸び方は昼と夜で違うのか？

子どもがツルバラの成長を観察したのですが、昼と夜で成長する長さがまったく同じでした。それまで、昼に光合成をして蓄えた養分を、夜に使って成長するのかと思っていました。実際はどうなのか教えてください。子ども向けと、少し専門的な説明をいただけると助かります。

それから、成長していくのは全体に比例的に伸びるのではなく、先端部分だけが伸びているようです。このあたりも教えていただけると助かります。　＊会社員

たしかに茎は昼も夜も伸びています。茎の伸長にはもちろん光合成産物が必要ですが、光合成量と茎の伸長量とは直接関係していないのです。たとえばQ61で述べたように、花をつける前の若いヒマワリはその先端一〇～一五㎝が成長運動をしていますが、夜間も活発に動いており、伸

長を続けていることを示しています。

また、ある植物を一本ずつ離して植えた場合と、密に植えた場合で光合成量と茎の伸長量を比べてみると、次のような結果になります。

離して植えたほうは、葉に光が十分当たるため光合成量は多くなりますが、葉を持ち上げる必要があまりないので、茎を長く伸ばすよりも丈夫な茎をつくって葉をしっかりと支えようとします。これに対して密に植えたほうは、隣りの植物の陰になって葉に光を十分に受けられないため光合成量は少なくなりますが、光が当たる場所まで葉を持ち上げなければならないので、茎の丈夫さを犠牲にしてでも、とにかく伸びようとします（101ページ「コラム7」参照）。したがって、一般的に強い光のもとでは茎の伸長は悪く、弱い光のもとで伸長がよくなります。

このような茎の伸長を直接制御しているのは植物ホルモン（160ページ「コラム11」参照）で、オーキシン、ジベレリン、ブラシノステロイドなどの茎の伸長を促進するホルモンや、エチレンのような茎の伸長を抑制するホルモンが関係しています。

ヒマワリの芽生えの場合では、葉から茎に送られるオーキシンが重要です。明るい場所で育てた芽生えを暗い場所におくと、葉から茎へのオーキシンの供給が止まるので茎は伸びなくなります。葉に光が当たると、オーキシンの供給が始まって茎が伸びるようになりますが、光が強すぎると、逆に茎の伸びが悪くなります（Q80参照）。エンドウではこの現象にジベレリンが関係しているらしく、弱い光のもとにおかれると、ジベレリン量が増えることが報告されています。

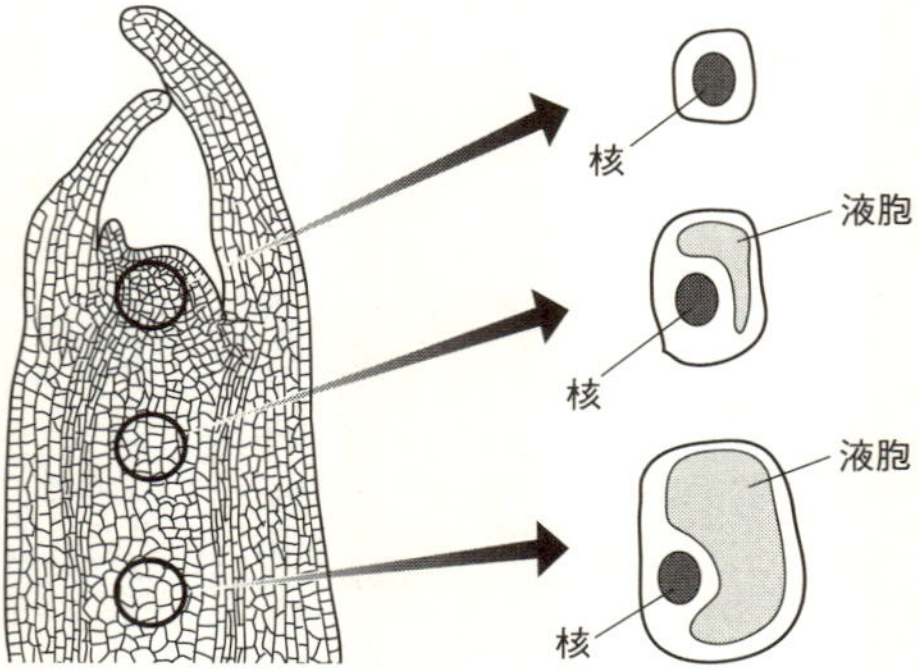

シュート（茎と葉）が伸びる様子（模式図）
『新しい高校生物の教科書』（ブルーバックス）より

また「茎を丈夫なものにするか、丈夫でなくてもとりあえず伸ばすか」については、ブラシノステロイドが関係しているようですが、詳しいことは分かっていません。植物により、また生育条件により、関係しているホルモンが異なるので、「一般的にこれが主役のホルモンである」とはいえない状況です。

そして、ご質問された方がお気づきになった「先端部分だけが伸びていく」のは一般的なことです。茎の役割は葉を光の当たる場所に持ち上げ、しっかりと支えることです。葉を持ち上げるためには、茎は変形して長くならなければなりません（伸びなければなりません）が、葉を支えるためには変形しにくくなる必要もあります。茎の先端近くの細胞は若い細胞で、変形しやすいため茎は伸びることができます。これに対して先端から離れるほど年をとった細胞で、変形しにくくなり、葉の支持に働くようになるのです。

オーキシンは細胞を変形しやすくすることで、一方、ジベレリンは細胞が伸長できる期間を長くすることで、それぞれ茎の伸長に貢献しています。

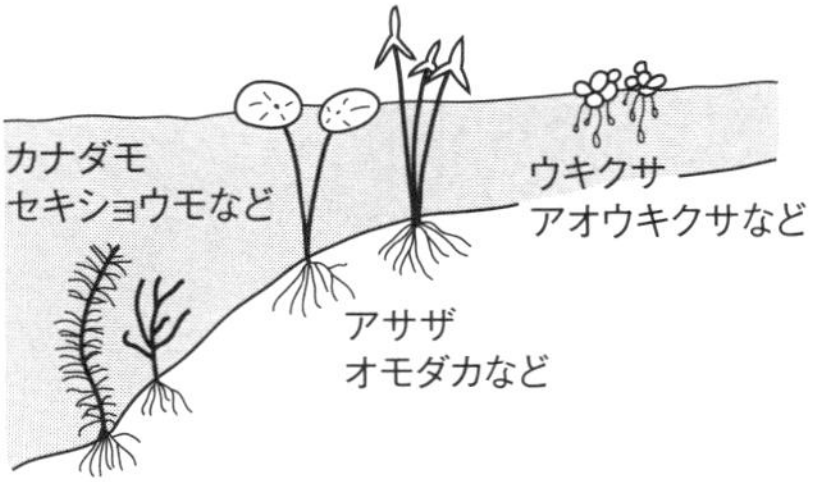

水生植物と水辺の関係

Q 75

水生植物はどのような栄養成分をどうやって吸収するのか？

今、総合の勉強で水生植物（ウキクサ、アサザ、オモダカなど）の育ち方について調べています。水生植物はどのような栄養を吸って大きくなるのかが知りたいです。＊小学生

湖沼に生育する水草は、質問にあるウキクサのように、根をもっているが水面に浮かんで生育するもの、ハスやアサザやオモダカのように、湖底の土（底土）に根を下ろしているが葉は水面に出て生育するもの、さらには、カナダモやセキショウモのように、底土に根を下ろし、からだ全体も水の中にあるものまでさまざまです。

いずれも、必要な栄養の種類は陸上の植物とまったく同じです。植物が多量に必要とする元素には、炭素、水素、酸素、窒素、カリウム、リンなどがあり、微量でも植物の成長に必要な栄養成分としては、カルシウム、マグネシウム、硫黄、鉄などがあげられます。これらの栄養成分は湖水や底土中に溶けており、水生植物はこれらの栄養成分を吸収して成長しています。

ウキクサは、湖水に溶けている栄養成分を葉や根から吸収していると思われます。アサザやオモダカは、おもに底土に溶けている栄養成分を根から吸っていると思います。そして、カナダモやセキショウモでは、根からだけでなく、水中にある葉の表面からも栄養を吸っています。

葉が変化した捕虫嚢で水中の小さな虫を捕らえる。
タヌキモ（タヌキモ科）

水草の中には、その他にもとてもおもしろい仲間がいます。ムジナモやタヌキモという名の植物たちは、高等植物（68ページ「コラム4」参照）ですが根がほとんど退化しており、水面に浮かんで生活をしています。これらの植物は、葉が変化した特殊な器官をもっていて、水中にいるミジンコなどの虫を捕まえ、それを栄養にして生育しています。陸上で生育するハエジゴク（ハエトリソウ）などと同じ「食虫植物」の仲間です。

少しむずかしいことばが多かったかもしれませんが、よく観察して水草をかわいがってください。水が汚れると水草が栄養を十分に取り込むことができなくなるので、湖や川の環境を守ることは、水草の生育できる環境を守ることにつながっています。

Q76 カイワレダイコンに食塩水や酢水を与えたら枯れた。なぜか?

自由研究で、水にいろいろな調味料を混ぜてカイワレダイコンを育てています。食塩を混ぜた水のカイワレダイコンがどんどん枯れていきました。またお酢を混ぜた水でも、四日目くらいから枯れていきました。なぜでしょうか。　＊中学生

身近なものを使っていろいろなことを試してみることは、とても楽しく有益なことです。実験の方法をもう少し詳しくお聞きしたいのですが、「枯れてしまった」という結果からだいたいの様子が分かるので、それにしたがってお答えします。

まず、食塩を混ぜた水のカイワレダイコンが枯れてしまったのは、二つの作用によります（Q52参照）。食塩（塩化ナトリウム）は、水溶液（塩水）中ではナトリウムイオンと塩素イオンに分かれています。もともと植物細胞内のナトリウムイオンと塩素イオンの濃度は高くないので、これらが吸収されて濃度が高くなると、細胞内のイオン環境が悪化してしまいます。

また根の細胞中の水溶液（細胞の中身全体の液）の塩分濃度よりも、食塩水溶液のほうが塩分濃度が高くなるので、細胞内への水の吸収が妨げられます。そこで食塩水の濃度がどのくらいかによって、生育が遅くなったり枯れたりします。

次にお酢を混ぜた水の場合ですが、おそらく料理に使う米酢、穀物酢あるいは合成酢のどれかを混ぜたと思います。これもお酢をどのくらい薄めたかが問題です。

お酢は、穀物のデンプンをアルコール発酵させてアルコール（つまりお酒）をつくり、それに酢酸菌を加えて「酸っぱさ」のもとになる酢酸に変化させてできます。お酢には酢酸が四〜七％含まれます。

酢酸六％水溶液の酸性度（pH）は二・四、一〇倍に薄めても二・九ほどの強い酸性です。このように酸性の水では、カイワレダイコンは細胞内のpHを正常（pH七〜七・五）に保つことができなくなって枯れてしまったと考えられます。

この次に実験するときには、食塩やお酢の濃度をいろいろに変えて、カイワレダイコンがどのように生育するか観察してみませんか。

いろいろな濃度の溶液をつくる方法としては、たとえばお酢を、まず水で半分の濃度に薄めます。その半量をさらに半分の濃度に薄めるという倍々希釈を繰り返すと、濃度が二分の一、四分の一、八分の一、一六分の一……の希釈溶液をつくることができます。食塩なら、まず海水と同じ約三・五％水溶液（一Lの水に対して、食塩三五gを加える）をつくり、これを倍々に希釈すれば、同様にさまざまな濃度の希釈溶液をつくることができます。

Q77 植物と温度との関係を調べるには、どんな植物で実験すればよいか？

小学四年生の「季節と生き物」という授業で子どもたちと、「なぜ今、芽が出たり、成長・活動したりするのか？」という疑問をもとに、春から動物や植物の観察を続けてきました。そこから「温度が関係しているんじゃないか？」という考えが濃くなってきたのです。そこで観察を通して知ると同時に、目の前の実験でそのことが証明できる教材を探しています。

「オジギソウを低温下においてみる」「ガザニアを常温と低温にし、花の開閉を比較する」「チューリップの球根を低温処理し、花芽を観察する」「ハエジゴク（ハエトリソウ）を常温と低温にし、開閉を比較する」というようなことを考えていますが、植物と温度との関係が分かる植物はないでしょうか？

年間を通しての観察は大切にしていきたいと思いますが、目の前で実証することで、植物のふしぎさ、理科の楽しさに子どもたちが触れることができればと思っています。　＊小学校教員

お考えになった四つの実験は、いずれも結果に違いが出てくると予想されます。しかし温度の

影響を観察するためには長い時間が必要な場合や、他の条件が影響すること（たとえば、オジギソウやハエジゴクでは接触刺激など）があり、明確な答えを得るのがむずかしいかもしれません。それに代わる次のような実験はいかがでしょうか？

実験1　パンジーの種子の発芽実験

発芽のためには、低温条件が必要な種子（低温要求性種子・Q71参照）があることを確かめる実験です。

適当な大きさの容器に土を入れ、ふつうにパンジーの種子をまき水やりした後で、容器ごとビニール袋に入れて乾かないようにして、冷蔵庫に入れる。五日後、冷蔵庫からAを取り出してビニール袋を外す（A）。

このとき別の容器に、低温にさらしていないパンジーの種子をまき、水やりする（B）。室温で生育させる時間を同じにして、AとBの発芽を観察する。

なお種子を購入するときに低温にさらされていないことを確かめてください。

実験2　種子の発芽過程の観察

植物の成長は、温度の影響を大きく受けることを確かめる実験です。

たとえばレタスやインゲンマメの種子を室温（できれば、一五度Cとか二〇度Cとか温度を一定にした部屋）と冷蔵庫で発芽させて、その成長を比べる。

あるいは、室温である程度発芽させてから、一部を冷蔵庫に移して観察するという方法でもよいでしょう。ただし、その場合は次の実験3と似てしまいます。

実験3　モヤシマメが低温に弱いことの観察

植物には、低温に弱いものと強いものがあることを確かめる実験です。モヤシマメ（低温に弱い）とエンドウ（低温に強い）を光のある条件でふつうに発芽させ、一〇日間程度成長させる。その後、冷蔵庫（氷の中に入れられるのならさらによい）に入れる。一定時間後に取り出し、室温に戻して成長を観察する。低温に弱いモヤシマメがどうなるか、予想される結果は以下のとおりです。

一日だけ低温においた場合：少しだけ成長が遅れる（エンドウは変わらない）。
三日間、低温においた場合：成長が遅れる（エンドウも少し遅れるが、その後回復する）。
七日間、低温においた場合：死んでしまう（エンドウは死なない）。

実験4　花の開閉に対する温度の影響

開花に温度が影響する植物があることを確かめる実験です。

マツバボタンは、午前中の花の開閉が温度で制御されているようなので、冷蔵庫に入れたり、室温に戻したりして開閉度を観察する。冷蔵庫では花が閉じ、外に出すと花が開く。何度か繰り返すこともできる。ただし午後になるとその反応は鈍くなるらしい。チューリップでも同じような実験はできますが（132ページ「コラム10」参照）、一個体あたりの花の数が少ないので、この実験には花数が多いマツバボタンが適しているでしょう。

以上の実験では、生育温度を極端に外れた温度にすると、多くの場合は早い段階で枯れてしまいます。しかし枯れない程度の温度においた場合には、生育に影響が現れるまでに時間がかかってしまいます。そのため、はっきりした結果が出るまでには少し時間がかかるかもしれません。

ちなみに、植物自身が生育温度から外れた気温を利用している例もあります。実験1のような発芽に低温を要求することもその例ですが、他にもサクラやモモなどは、冬の寒さがないと花を咲かせることができません（Q12参照）。秋まきのコムギなどもその例です。ですから植物は、いつも快適な温度でヌクヌクと生活しているのがよいというわけではないのです。

では、実験の成功をお祈りしています。

Q78 雑草を何日くらい暗所においたら何らかの変化が現れるか？

雑草がデンプンをつくれないように、段ボールとビニールを上からかぶせ、日光が当たらないようにして三日間おきました。しかし何も変化がありませんでした。何日くらいおけば雑草に変化がでますか？　雑草の色など変化しますか？　教えてください。　＊小学生

「雑草って何だろう」と考えたことがありますか？　雑草は生命力（生活力）がたいへん旺盛な

植物ですが、そのエネルギーのもとは他の植物と同じように光合成産物です。ですから「光を当てないで光合成ができないようにしたら枯れるだろう」と思うのは当然です。実際、枯れるはずです。ところが三日間暗くしても何の変化も起きませんでしたね。なぜでしょうか。

植物の種類によって大きく違いますが、盛んに成長している植物では、ふつうは三日間ほど暗所においたくらいでは見た目には何の変化も起こしません。それは葉、茎、根などにいつも栄養分（主としてデンプンやショ糖）を蓄えているからです。とくに庭などに生える雑草（オオバコ、カタバミ、ギョウギシバ等々）は、一般に根を大きく発達させていて栄養分をたくさんもっています。庭は荒れ地よりは栄養分も豊富で、植物の生育がよい傾向にあるからです。

ですから、暗所にどのくらいの時間おいたら変化が出るかは、雑草の種類や大きさ、生育している場所などによって違います。こうした違いを調べるのもおもしろい実験になるのではないでしょうか。段ボール暗室（内側を黒く塗ったほうがよいですね）で囲まれる範囲に生えている雑草の種類や大きさを測っておいて、毎日、変化を観察し続けたらどうでしょう。

一般的には最初に緑色が薄くなり始めると思います。次第に黄色から茶色に変化し、弱々しくやせてくるでしょう。黄色くて新しい、モヤシのような芽が出るかもしれません。しかしそのうち枯れてしまいます。経過を観察するときは手早くして、雑草が光に当たる時間を短くする注意が必要です。一週間以上はかかる、根気のいる実験になるはずです。

Q79 キュウリの巻きひげは、なぜ、どれも途中で巻く方向が変わるのか？　動き方が分かる観察方法を教えて。

庭のキュウリの巻きひげが、どれも途中で巻く方向が変わっているのがとてもふしぎです。どうして途中で巻き方が変わるのですか？　それから、どうやって巻いているのかふしぎで毎日見ているけど、アサガオのように動き方がはっきり分かりません。動き方が分かる観察のやり方があったら教えてください。

図鑑には「最初に巻きひげが伸びて、何かに触ってから、クルクル巻く」とあるけど、葉っぱのあいだの小さな巻きひげも、最初からクルクルとなっています。ふしぎです。＊小学生

巻きひげについてはQ58で、何かに触れるチャンスがなかった巻きひげでも年をとると巻く、と述べました。今回の質問には「若い巻きひげが触っていないのに巻いているのはなぜか」ということが含まれているので、この質問から始めましょう。この質問に答えるために、まず、巻きひげが成長する様子について説明します。

巻きひげは、最初に渦巻き状に巻いた形で現れます（写真①）。やがて伸び出し、先端の少しカーブした部分を残し、まっすぐに近い形になります（写真②）。伸びる前と、伸びている時期の巻きひげに触っても何も起きません。

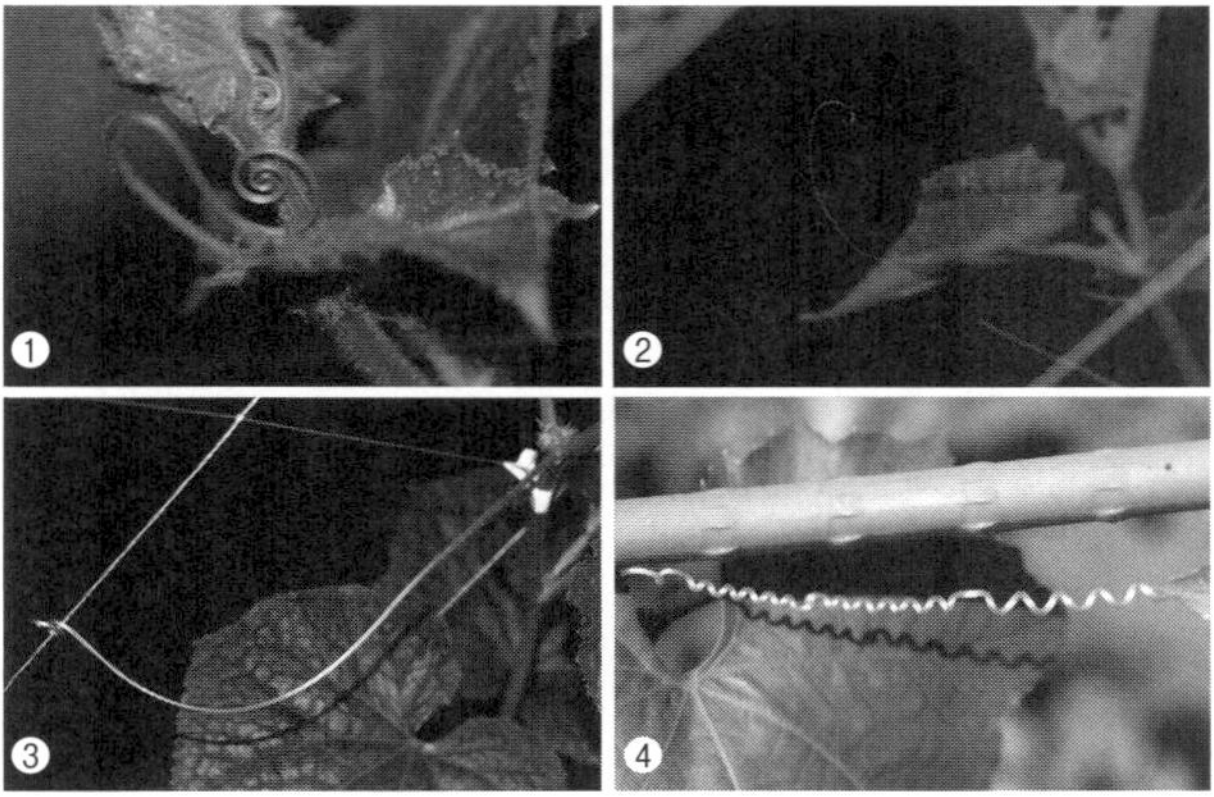

キュウリの巻きひげの成長と、螺旋状に巻くまでの様子

写真提供／今関英雅

質問の順序と違いますが、巻きひげが巻く順番にしたがって説明します。

まず「葉っぱのあいだの小さな巻きひげがすでにクルクルとなっている」のは、伸び出す前の、まだ触っても何も起きない頃の巻きひげではないかと思います（写真①）。これらの若い巻きひげが巻いているのは、何かに触ったためではなく、ゼンマイやコゴミ（クサソテツ）などのシダ植物の若い葉が渦巻き状に巻いているのと同じです。

先端がカーブしている伸び切った巻きひげ（写真②）は、腕を空に向けて回すように先端を大きくグルグルと回し、先端が支柱に触ると支柱に巻き付く運動を始めます（写真③）。先端が支柱にしっかりと巻き付くと、巻き付いた部分と巻きひげの根元のあいだの部分が螺旋状に巻いてきます（写真④）。

巻きひげの先端が大きく回旋する運動は、支柱になる物を探すのに役立っていますし、支柱に巻き付く運動は、支柱をしっかりと摑むことに役立っています。また螺旋状に巻く運動は、植物体を支柱に近付けることと、風などにより巻きひげがちぎれるのを防ぐことに役立っています。

次に、写真④のように「支柱に巻き付いた巻きひげの巻く方向が途中で変わっているのはなぜか」という質問です。先端が回旋運動を始めた巻きひげは、支柱に巻き付くと螺旋状に巻きますが、支柱に巻き付く前にその先端を指でこすっても巻きます。その場合、途中で巻く方向が変わることはありません。またQ58で述べたように、支柱に触ることができずに老化した場合にも巻きますが、やはり巻く方向は変わりません。つまり巻きひげは先端が自由に動ける状態であれば一方向に巻くのです。

写真④のように、巻く方向が途中で変わるのは、巻きひげの先端が支柱に巻き付いて動けない場合に限ります。巻きひげの先端部分と根元の部分が動けなくて、そのあいだの部分が一方向だけにねじれると、どこかで巻きひげはねじ切れてしまいます。巻く方向が途中で変わるのは、巻きひげがねじ切れるのを防ぐためというか、一方向に巻くことによって巻きひげの中に生じた歪みを解消するためです。

巻く方向が途中で変わることを説明するため、ドイツの植物学者ユリウス・ザックスがおもしろい実験をしています。平たいゴムひもを伸ばしておいて、その上に伸ばしていないゴムひもを貼り付けます。そうしてつくった二枚重ねのゴムひもを両手で持って引っ張り、その後で、ゴムひもの片端を離したり、持ったまま両端を近づけたりするという実験です。

どちらの場合も、ゴムひもは螺旋状に巻きますが、片端を離したときには巻く方向が一方向だったのに対し、両端を近づけたときには、先端が支柱に固定されている巻きひげと同じように、螺旋の向きが真ん中で変わります。巻きひげの螺旋は、螺旋の外側になる面が伸びることによってつくられますが、ザックスはこれと似た状況を、ゴムの内側を引っ張ることによってつくり出したのです。

触ったことを感じるのは先端の部分なのに、螺旋状に巻くのは巻きひげ全体ですから、「触ったことを感じた先端から巻きひげ全体に、螺旋状に巻くことを命令する物質が送られているのではないか」と考えられます。このような考えから、巻きひげを螺旋状に巻かせる働きのある物質を探す研究が行われました。

キュウリ（キュウカンバー）とはあまり似ていませんが、ウリ科のワイルド・キュウカンバーでは、植物ホルモン（160ページ「コラム11」参照）のオーキシンが、また、やはりウリ科のブリオニアではジャスモン酸が、巻きひげを螺旋状に巻かせると報告されています。さらに二酸化炭素にも、ワイルド・キュウカンバーやトケイソウ、セイヨウカボチャ、ヘチマなどの巻きひげを螺旋状に巻かせる働きがあることが見つかっています。しかし、自然の状態で巻きひげが螺旋状に巻くときに、このような物質が命令しているかどうかは分かっていません。

最後の質問は、巻きひげの運動を観察する方法についてです。まだ巻きひげが巻き始めていない頃、巻きひげの上の面か下の面かに墨を塗って、螺旋状に巻いた後、元の上側、あるいは下側がどこにくるのかを見るのもおもしろいと思います。このときフェルトペンは使用しないでください。フェルトペンに含まれている有機溶剤によって、巻きひげの細胞が傷害を受けるからです。

そして、どのように巻くのかを知るためには、じっと眺めるのがいちばんだと思います。触ってから動き出すまで二分くらいですし、その後も三〇分くらいは活発に運動するので眺めてみてください。じっと眺めているうちに、回答を書いている私でも知らないこと、いや、世界中のだれもが知らないことに気が付くかもしれません。

Q80 光の強さによって屈曲のスピードは変わるのか？

夏休みに課題研究で「ヒマワリの光屈性」について実験しました。ヒマワリの芽生えに電気スタンドの光を一〇㎝、二〇㎝、三〇㎝と、少しずつ離すことで光の強さを変え、光屈性のスピードの違いなどを調べようとしました。

正確な実験ではなかったかもしれませんが、一〇㎝の場合に一時間程度でけっこう曲がったかと思うと、実験を続けていくと、茎が曲がらずに伸びたり、元に戻ってしまったりしてしまいました。また、本葉が出た後に実験したら、あまり曲がらなくなってしまいました。そもそも、光の強さによって光屈性のスピードは変わるものなのでしょうか？　＊高校生

まず、光の強さと屈曲反応の関係について説明しましょう。

光が強いほど植物はより強い反応（屈曲）を示します。しかし光がある強度を超えると、かえって反応が低下します。光強度を横軸に、反応の強さ（屈曲のスピード、光照射開始から一定時間の屈曲角度など）を縦軸にとってグラフにすると、山型の曲線になります（Q60図参照）。

一般に芽生え（胚軸）は光に敏感ですから、電気スタンドの光で十分に光屈性を示します。しかし直射日光では強すぎて、ほとんど光屈性を示しません。

光屈性は光が不足した環境（光合成が十分に行えない環境）で、より多くの光をとらえるために役立っていると考えられます。日陰に育つ植物を観察してみてください。一方が明るい場合、そちらに屈曲しているのが観察できるでしょう。また植物によっては、葉の表面を明るいほうに向けているのが分かるでしょう。

一般に本葉が展開した茎は、芽生えに比べて光屈性が弱くなりますが、ヒマワリの場合は本葉が展開した茎も比較的強い光屈性を示します。またヒマワリは直射日光にも反応して光屈性を示すので、他の植物とは違った光屈性をもっているようです。

ところで光強度と茎の光屈性の関係は、ヒマワリを含め、私たちは十分に理解していません。

そのような研究報告がないのです。ご質問をされた方は、研究者がまだ報告していない研究課題に取り組んでいることになります。

次に、屈曲反応の時間的な変化について説明します。

光屈性で曲がっていく過程は複雑です。双子葉植物の芽生えやイネ科植物の幼葉鞘（幼葉を包む筒状の保護器官）など活発に光屈性を示す器官は、片側から光を当てると、最初は円弧状（アーク状）に光のほうに曲がった形になります。その後、光側に曲がった上部は逆のほうに（まっすぐに近づくように）曲がってきます。そのとき基部はまだ光側への屈曲を続けています。結局は基部が曲がった状態で、中央から先はまっすぐに近い形状で落ち着きます。上体をまっすぐにしたまま腰を曲げたような格好です。この状態は光屈性によって光源側に曲がる力と、「負の重力屈性」（Q62参照）によって、それに対抗して上側に曲がろうとする力のバランスが取れた状態です。

ところで、一度アーク状に曲がった器官の上側がまっすぐに近づくのには、重力屈性の他に、一度屈曲した部分がまっすぐになろうとする力も働くと考えられています。この力の存在は昔から知られていますが、そのメカニズムはまだよく分かっていません。

以上は片側から光を当て始めてから数時間で起こる反応ですが、さらに時間が経つと、一度曲がった基部も少しずつ立ち上がってきます。これは基部の成長が最終段階に近づくにつれて、光屈性よりも重力屈性が勝ってくることによると考えられます。基部の成長が完全に停止してしまうと、少し曲がっていてもその状態で固まってしまいます。基部が固まっても、より上部の成長している部分は、光屈性と重力屈性が拮抗しながら、光側へ傾いた状態を保ちます。
しかし多くの植物では、芽生え（胚軸）の上に伸びる茎が胚軸よりも光屈性が弱いのに対し

ヒマワリの茎は他の植物とは違い、本葉の展開後も直射日光に反応して光屈性を示す。

ヒマワリの光屈性

て、重力屈性は強く保たれているので、直立状態に近づくように見えるかもしれません。また、植物によっては大きな回旋運動をしているので、片側から光を受けていても回旋運動が光屈性より勝って、植物の先端は色々な方向を向いているように見えるでしょう。

Q81 野菜から紙をつくるとき、つくり方を変えるとできた紙に違いがあるのはなぜか？

中二の女子です。野菜から紙をつくる研究をしています。キャベツを切ってミキサーにかけた後、一〇分間煮てから紙をすくと、透き通ってしっかりした強い紙ができました。どうして煮るとこんなふうに強い紙になるのでしょうか。

またキャベツにレモン汁一個分を入れてミキサーにかけると、厚めで強い紙ができました。酸性になることと何か関係があるのでしょうか。さらにアルカリ性もやってみようと思い、キャベツに石鹸水を入れてミキサーにかけてから紙をすくと、白く柔らかで丈夫な感じの紙になりました。どうしてこんなふうに違いができるのかと自分で調べてみましたが、よく分かりません。ふしぎでたまらないので、こうなるわけを教えてください。＊中学生

野菜から紙をつくる研究、おもしろそうですね。

紙はセルロースという繊維性の多糖からできています。セルロースは植物の細胞を包む細胞壁を構成するおもな成分です。私たちがふだん使っている洋紙の場合は、木材を粉砕したパルプからセルロース以外の成分（不純物）を取り除いてつくられます。残った不純物の割合が少ないほど白く薄く丈夫な紙になります。

木材パルプはほとんどがセルロースからなる細胞壁からできていますが、野菜にはセルロース以外の細胞壁成分や細胞内含有物など、紙をつくるうえでの不純物が非常に多く含まれています。とくに前者が問題となりますが、質問された方が試された三つの方法は、このセルロース以外の細胞壁成分を取り除く程度に差があり、それができあがった紙の性質を決めたのでしょう。

ミキサーにかけたキャベツを「煮る」のと、レモン汁を加えて「酸性におく」のは、いずれもペクチンというジャムの粘り気のもとになる細胞壁多糖類を取り除く方法です。「煮る」ほうが「酸性におく」だけよりも効率がよく、酸性下で煮ればさらに効果的です。

それでもヘミセルロースというセルロースと強く結合した細胞壁多糖類がまだ残っています。石鹸水を入れて「アルカリにさらす」という方法ですが、石鹸水ではそれほど濃いアルカリをつくることができないため十分とはいえませんが、ペクチンとヘミセルロースの両方を取り除くことができます。ですから試された三通りの方法を組み合わせる（キャベツを酸性下で煮てからアルカリにさらす）と、もっとも市販の紙に近いものが得られます。

なお、木材から紙をつくる際のおもな不純物であるリグニンも細胞壁成分ですが、これは野菜には少なくてあまり問題になりません。

実際の紙の性質にはこのような不純物の割合だけでなく、セルロース繊維の長さ、太さ、密度、さらにはすき方や安定化剤の種類なども影響します。材料や方法を変えていろいろな性質の紙づくりを楽しんでください。

Q 82

キュウリやゴーヤ（ニガウリ）のような実でも、光合成ができるのはなぜ？

夏休みの自由研究で、冷蔵庫に入っていたキュウリとゴーヤとメロンが光合成するかどうか調べました。

するとキュウリとゴーヤは、光合成をして酸素を三〇㏄くらいためることができました。葉、茎から切り離された野菜が光合成をしたのは、野菜の表皮にも気孔があるということですか。

一方メロンは、同じウリ科なのにほとんど光合成が行われませんでした。それは緑色が薄かったのが原因ですか。

いろいろ本で調べたのですが、むずかしすぎてよく分かりません。自由研究のまとめをしたいので、どうか教えてください。 ＊小学生植物は葉だけでなく茎や果実でも、緑色の組織なら光合成します。緑色の組織には太陽光によって光合成をしている葉緑体があり、その中には、光をキャッチするクロロフィルという緑色の色素があります。また、光合成でできる酸素と吸収される二酸化炭素の出入り口になる気孔も、葉だけでなく、キュウリやゴーヤのような野菜（実）にも、緑色をしている茎などの組織にもあります。このように植物は葉以外の組織でも、できるだけ光合成をしてその産物を利用しています。キュウリやゴーヤでは果実の光合成は非常に大切です。果実の表皮の内側にある細胞（皮層細胞）の光合成によってつくられた糖などは、これらの果実の成長に直接利用されるからです。

光合成の反応式

$6CO_2$	＋	$6H_2O$	→	$C_6H_{12}O_6$	＋	$6O_2$
二酸化炭素		水		糖		酸素

たとえば、1モルの糖（＝180g）が合成されるとき、6モルの酸素（1モル＝22.4Lなので、134.4L）ができます。
ですから、酸素約30cc（＝0.03L）ができたということは、

$$\frac{180\text{g} \times 0.03\text{L}}{134.4\text{L}} \fallingdotseq 0.04\text{g}$$

約0.04gの糖を合成したことになります。

光合成の反応式と、糖の合成量の求め方

質問された方がどのようにして測定されたのか分かりませんが、酸素が約三〇cc発生したのなら、糖を約〇・〇四g合成したことになります。

ご質問のメロンが光合成をしなかったのは、「緑色が薄かった」ということから、おそらくクロロフィルや葉緑体がほとんどなくなっていたためでしょう。キ

ユウリやゴーヤは緑色が濃いときに収穫されるために、収穫後も光合成による酸素発生が見られます。しかし収穫が遅くなるとクロロフィルが分解して緑色が薄くなり、光合成をしなくなります。

Q83 硬い葉でヨウ素デンプン反応を行うにはどうしたらよいのか？

理科の授業で「日光を当てると、ジャガイモの葉はデンプンをつくる」ということを「ヨウ素デンプン反応」を使って実験しました。すると児童から「他の植物はどうか？」という疑問が出たので、晴れた日に校内にある植物を採ってヨウ素デンプン反応を行う実験をしました。

教科書にある「お湯で煮る方法」「アルコールで脱色する方法」「お湯で煮て濾紙にはさみ、木づちで叩く方法」で試したら、硬い葉（おもにササなどの単子葉のもの）についてはうまく反応が出ませんでした。

硬い葉でもデンプンがつくられていることを子どもたちに伝えたいのですが、何かよい方法はありませんか？　ヨウ素デンプン反応を使いたいのですが、別の分かりやすい方法があればそれでも構いません。　＊小学校教諭教科書の単純化した記述を小学生にどう説明したものか、悩ましいところですね。すべての葉の光合成産物がデンプンだとは限りません。デンプンを多く蓄積する葉を「デンプン葉」、ショ糖（スクロース）を多く蓄積するものを「糖葉」とよびます（Q42参照）。デンプン葉には、ヒマワリ、アサガオ、タバコ、ジャガイモなどがあります。一方、単子葉植物には、トウモロコシのようなデンプン葉もありますが、一般に糖葉が多く、ササ類もそれに含まれます。

先生の試された方法でも、デンプン葉なら、樹木の葉などのように硬い葉からもデンプンが検出されたはずです。ただしデンプン葉では、昼間には葉肉細胞の葉緑体にデンプンがたまりますが、これは、夜（暗黒）になるとショ糖に変換されて別の場所に運ばれてしまいます。ですからデンプン葉でヨウ素デンプン反応を行う場合、ご質問にあるとおり、晴れた日に、デンプンがもっともたまりやすい正午頃に葉を採取して、ただちに調べることが重要です。

さらに顕微鏡で詳細に調べると、葉の表皮にある気孔の孔辺細胞の葉緑体にもデンプンを蓄積しているのが分かります（Q29参照）。このデンプンは、一日程度、暗黒条件においてもなくならないので、次のような方法で観察されてみてはいかがでしょう。

日中の数時間、アサガオやジャガイモの葉をアルミ箔で覆って暗黒下におきます。こうすると前述のとおり、葉肉細胞にたまったデンプンは減りますが、孔辺細胞の葉緑体にあるデンプンは減りません。この葉を採取してヨウ素デンプン反応を行い、顕微鏡で観察すれば、孔辺細胞内のデンプンがヨウ素液に染まっているのが見えるはずです。

それにしても「どんな葉がヨウ素デンプン反応で染まらないのだろう」というのは、子どもたちのすばらしい発想です。デンプン葉と糖葉の分類にまで発展するかもしれませんね。

Q84

アサガオがしおれるのはなぜ？　また、しおれるのを遅らせる方法はありますか？

私は、一年生のときから毎年アサガオを育ててきました。毎日観察していると、花がどうしてしおれるのかとても気になるようになりました。何時にしおれるか、そのときはどんな天気で、気温や湿度がどのくらいだったか観察を続けてきました。しかし、花がしおれるということとそういう条件に、あまり関係があるようには見えませんでした。

受粉したらしおれるのかと思いましたが、しおれたあとに種子のできない花もたくさんあります。夕方になってもしおれない日もあります。しおれる時間に差が出るのはどうしてなのかということもとても気になります。いったい何がアサガオのしおれる時間を決めているのでしょうか。そして、アサガオがしおれるのを遅らせる方法はありますか?

今年も夏休みに研究しようと思っているのですが、どういうふうに考えたらよいのか、実験を計画したらよいのかヒントをいただけたらうれしいです。＊小学生アサガオの花を毎日観察しているうちに、決まってその日のうちに花がしおれることに気が付かれたようですね。そして、「どうしてしおれるのかな」と疑問をもった心は、科学する心そのものですね。

植物の花には短命のものと長命のものとがあります。アサガオやハナショウブ、ニッコウキスゲなどの花は一日限りの命です。受粉を助ける昆虫を引き寄せるために美しい花を開くといわれますが、受粉が終われば花びら（花弁）は要らなくなります。植物は、要らなくなった器官や組織を「殺して」その中身を回収し、本当の残りかすだけを捨てる性質をもっています。花がしおれるのは、花の細胞を殺して中身の養分を回収している姿といえるのです。

さて、アサガオの花が咲いて、しおれる様子をたどってみましょう。ここではマルバアサガオを使った研究の結果を中心にしています。

咲く前の晩のつぼみは、花弁が固くねじれて先のとがった形ですが、夜のあいだにこの形のままで少し伸びてきます（次ページ写真①）。そして午前五～六時頃につぼみのねじれが徐々にほどけていき（写真②）、漏斗状の花が咲きます（写真③）。花が開いた状態は六時間から一〇時間くらい続き、午後一～三時頃になると、花弁の縁から少し離れたところが内側へ巻き始めます。花弁の内側への巻きは夕方から夜にかけてかなり進んで、ゆるくしぼんだ状態になり（写真④）、翌朝には完全にしぼみます（きつくしぼんだ状態になります）。花弁は、透明度が増して、明らかに細胞が死んだ状態になります。その一日か二日後には花弁は落ちてしまいます。

アサガオのつぼみが開いてしぼむまで

ソライロセイヨウアサガオの例では、真夏の気温が高いときは朝咲いた花は昼頃にはしおれてしまいますが、曇っていて気温が低い場合はしおれるまでの時間がもう少し延びます。秋になってくると夕方までしゃんとしています。ソライロセイヨウアサガオはとても寒さに強いアサガオで、一〇月になっても花を付けます。その頃になるとしおれる時間もますます遅くなって、翌朝になっても多少しおれぎみですが花の形を保っています。

このように、アサガオの花が開き、しおれてからしぼむまでの時間は、温度などで少し変わりますがだいたい決まっています。しかし雌しべが受粉しないとしおれるのが遅れます。しおれ始めるタイミングを決めているのが何かは、今のところはっきりしていませんが、植物ホルモン（160ページ「コラム11」参照）の一つであるエチレンが重要な働きをしていることが分かっています。

つぼみが漏斗状に開くのは、水が花弁の中にどんどん入ってくるため、花弁の細胞が、風船が膨らんだような状態になるためです。アサガオの花には五本の太い筋（中肋《ちゅうろく》）があります。中肋の内側の部分は、丸く大きな細胞が大きなすき間をもって詰まっており、スポンジのようになっていますが、外側の部分は小さな細胞が密に詰まっています。そのため水が入って細胞が膨らむと、中肋の内側が大きく伸びることになり、花は漏斗状に外側に反った形になります。

一一時頃になると一時的にエチレンの合成が始まり、一時間ほどで止まります。このときできたエチレンが、中肋を内側に曲げることを引き起こすと同時に、花弁細胞の細胞死（Q56参照）を起こす信号となっています。エチレンの働きで中肋の細胞から水が抜け、細胞の膨らむ力がなくなります。すると内側はスポンジのようになっているため、外側よりもよけいに縮むので内側に巻くことになります。中肋が内側に巻くように曲がるので、花弁の薄い部分はそれに巻き込まれて、花はしぼむことになります。

同時に花弁の細胞は細胞死への道をたどり始めます。細胞内には液胞（23ページ「コラム1」参照）という袋がありますが、この袋が細胞質の中身（おもにタンパク質）を少しずつ取り込んで分解します。分解されたアミノ酸などは外に出され、成長している別の部分に運ばれて再利用されます。夕方五時頃になると、エチレン生成が再び盛んになり、しばらく続きます。すると液胞の膜（トノプラスト）が破れ、液胞内にあったいろいろな分解酵素がＤＮＡやＲＮＡ、タンパク質、脂質などの細胞成分を分解するので、細胞は死んでいきます。

最初の質問の「何がアサガオのしおれる時間を決めているか」は、エチレンが合成され始めるときがしおれ始めですから、「どうしてエチレンの出る時間が決められているのか」ということですね。花が開いてからある程度時間がたったので、花の細胞が老化し始めたためと思われます。植物の細胞は老化するとエチレンをつくり始めます。また、他の花で調べた結果ですが、受粉しないとエチレンの生成が遅れることも分かっています。

次の質問「花のしおれを遅らせる方法はあるか」ということですが、実験的には可能だと推定されます。花を二〇度Ｃ以下の低温におけばかなりしおれは遅れます。また、エチレンの生成かその働きを抑えればよいのですが、それには特殊な薬品を使います（Ｑ９参照）。数日以上咲き続ける園芸切り花などでは、延命剤として銀イオン剤（チオ亜硫酸銀）などを吸収させて、花の寿命を延ばすことができます。しかし、アサガオのように一日でしおれる花では、延命効果があるかもしれませんが経済価値が低いので一般的ではありません。

最後に自由研究のヒントです。アサガオのつるに付いているつぼみをよく観察すると、翌日咲くつぼみを見分けることができるようになります。つぼみや咲いている花は、柄を一㎝くらい残して切り取って水につけておいても、やがてつぼみは開き、花はしおれます。切るときはかみそり（カッター）できれいに切ってください。このようにすると室内で研究することができますから、温度、光の強さなどを大きく変えてつぼみや花の様子を観察してはいかがですか。

回答者一覧（五十音順）

浅田浩二（JSPPサイエンスアドバイザー／京都大学／福山大学）／荒木　崇（京都大学）／飯野盛利（大阪市立大学）／今関英雅（JSPPサイエンスアドバイザー／名古屋大学）／上村松生（岩手大学）／太田経子（奈良女子大学）／岡崎芳次（大阪医科大学）／岡本素治（きしわだ自然資料館）／勝見允行（JSPPサイエンスアドバイザー／国際基督教大学）／小菅桂子（神戸大学）／近藤矩朗（東京大学名誉教授）／酒井　敦（奈良女子大学）／坂口修一（奈良女子大学）／坂本　亘（岡山大学）／佐藤公行（JSPPサイエンスアドバイザー／岡山大学）／佐藤雅彦（京都府立大学）／七條千津子（神戸大学）／柴岡弘郎（JSPPサイエンスアドバイザー／大阪大学）／柴田　均（島根大学）／島崎研一郎（九州大学）／白石友紀（岡山大学）／鈴木石根（筑波大学）／鈴木孝仁（奈良女子大学）／高木慎吾（大阪大学）／高林純示（京都大学）／田中　歩（北海道大学）／塚谷裕一（東京大学）／出村　拓（理化学研究所）／寺島一郎（東京大学）／徳富（宮尾）光恵（農業生物資源研究所）／永井真紀子（奈良女子大学）／中村紀雄（横浜市立大学）／西田治文（中央大学）／野口　航（東京大学）／橋本　隆（奈良先端科学技術大学院大学）／東山哲也（東京大学）／平塚保之（カナダ国立北方森林研究所）／藤原　徹（東京大学）／保尊隆享（大阪市立大学）／保谷彰彦（農業環境技術研究所）／松本英明（岡山大学）／間藤　徹（京都大学）／三村徹郎（神戸大学）／百瀬忠征（東京農工大学）／森田（寺尾）美代（奈良先端科学技術大学院大学）／山口淳二（北海道大学）／山本興太朗（北海道大学）／山本良一（帝塚山大学）／吉田久美（名古屋大学）

（カッコ内は回答時の所属）

さくいん

〈た行〉

引用文献・参考文献・参考 web

・葛西奈津子（日本植物生理学会監修）『植物が地球をかえた！』化学同人　2007 年

・「植物の軸と情報」特定領域研究班編『植物の生存戦略－「じっとしているという知恵」に学ぶ－』朝日選書　2007 年

・柴岡弘郎『植物は形を変える－生存の戦略のミクロを探る－』共立出版　2003 年

・塚谷裕一『植物のこころ』岩波新書　2001 年

・果樹試験場うめ研究所『果樹試験場ニュース No.67』2006 年

・大場秀章『サラダ野菜の植物史』新潮選書　2004 年

・福島県農業総合センター 果樹研究所　http://www.pref.fukushima.jp/kajyu-shiken/homepage.htm

・井出利憲『分子生物学講義中継 Part 1』羊土社　2002 年

・メンデル著／岩槻邦男・須原準平訳『雑種植物の研究』岩波文庫 1999 年

・寺島一郎編集『朝倉植物生理学講座（５）環境応答』朝倉書店　2001 年

・菊沢喜八郎『葉の寿命の生態学－個葉から生態系へ－』共立出版　2005 年

・小柴共一・神谷勇治・勝見允行編『植物ホルモンの分子細胞生物学』　講談社サイエンティフィク　2006 年

・八田洋章『木の見かた、楽しみかた－ツリーウオッチング入門－』朝日選書　1998 年

・八田洋章『雑木林に出かけよう』朝日選書　2002 年

・瀧本敦『花を咲かせるものは何か－花成ホルモンを求めて－』中公新書　1998 年

・武智克彰・坂本亘『「斑入り」葉緑素突然変異体を用いた原因遺伝子の研究と最近の知見』育種学研究 . 4: 5-11. 2002 年

・“Origin of Eukaryotic Cells”（邦題『細胞の共生進化』）http://www.jssp.co.jp/f_biochem/saibo_kyoseishinka.html
・現生の生物における細胞内共生の実例（Jeon & Lorch 1967, Experimental Cell Research 48：236-240）
・花器官の性質を規定する遺伝子によって花の形ができるしくみについて　http://www.sclib.kyoto-u.ac.jp/whats/index.html
・岩城英夫編『植物生態学講座（3）群落の機能と生産』朝倉書店　1979年
・リンカーン・テイツ／エドゥアルド・ザイガー著／西谷和彦／島崎研一郎監訳『植物生理学』培風館　2004年
・塚谷裕一『蘭への招待－その不思議なかたちと生態－』集英社新書　2001年
・高橋英一『生命にとって塩とは何か－土と食の塩過剰－（自然と科学技術シリーズ）』農山漁村文化協会　1987年
・シンディ・エンジェル著／羽田節子訳『動物たちの自然健康法　野生の知恵に学ぶ』紀伊國屋書店　2003年
・久能均ほか『新編植物病理学概論』養賢堂　1998年
・山田哲治・島本功・渡辺雄一郎監修『分子レベルからみた植物の耐病性－植物と病原菌の相互作用に迫る－』秀潤社　1997年
・柴岡弘郎『キミ見てみんか－この素晴らしき植物の世界－』学会出版センター　2000年
・岡田清孝・町田泰則・松岡信監修『新版　植物の形を決める分子機構－形態形成を支配する遺伝子のはたらきに迫る－』秀潤社　2000年
・『生物の科学　遺伝　1997年4月号』裳華房

N.D.C.471.3　270p　18cm

ブルーバックス　B-1565

これでナットク！　植物《しょくぶつ》の謎《なぞ》
植木屋さんも知らないたくましいその生き方

2007年 8 月20日　第 1 刷発行
2019年 5 月 9 日　第 8 刷発行

編者　日本植物生理学会《にほんしょくぶつせいりがっかい》
発行者　渡瀬昌彦
発行所　株式会社講談社
〒112-8001 東京都文京区音羽2-12-21
電話　出版　03-5395-3524
販売　03-5395-4415
業務　03-5395-3615
印刷所　（本文印刷）豊国印刷株式会社
（カバー表紙印刷）信毎書籍印刷株式会社
本文データ制作　講談社デジタル製作
製本所　株式会社国宝社

定価はカバーに表示してあります。

ISBN978-4-06-257565-2

発刊のことば

科学をあなたのポケットに

二十世紀最大の特色は、それが科学時代であるということです。科学は日に日に進歩を続け、止まるところを知りません。ひと昔前の夢物語もどんどん現実化しており、今やわれわれの生活のすべてが、科学によってゆり動かされているといっても過言ではないでしょう。

そのような背景を考えれば、学者や学生はもちろん、産業人も、セールスマンも、ジャーナリストも、家庭の主婦も、みんなが科学を知らなければ、時代の流れに逆らうことになるでしょう。

ブルーバックス発刊の意義と必然性はそこにあります。このシリーズは、読む人に科学的に物を考える習慣と、科学的に物を見る目を養っていただくことを最大の目標にしています。そのためには、単に原理や法則の解説に終始するのではなくて、政治や経済など、社会科学や人文科学にも関連させて、広い視野から問題を追究していきます。科学はむずかしいという先入観を改める表現と構成、それも類書にないブルーバックスの特色であると信じます。

一九六三年九月

野間省一